Inhaltsverzeichnis

Dieses Heft gehört: Klasse:

Brüche multiplizieren

► **Grundwissen**

Ein Bruch wird mit einem Bruch multipliziert, indem Zähler mit Zähler und Nenner mit Nenner multipliziert werden.

Hinweis: Natürliche Zahlen können als Brüche mit dem Nenner 1 geschrieben werden.

Beispiele:

$\frac{2}{5} \cdot \frac{2}{3} = \frac{\boxed{}}{5 \cdot 3} = \frac{\boxed{}}{\boxed{}}$

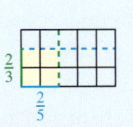

$\frac{2}{5} \cdot 2 = \frac{2}{5} \cdot \frac{\boxed{}}{\boxed{}} = \frac{\boxed{}}{\boxed{}} = \frac{\boxed{}}{\boxed{}}$

► **Auftrag:** Ergänze die Beispiele.

Trainieren

1 Multiplikation von Brüchen veranschaulichen

a) Ordne jeder Darstellung eine Aufgabe mit Ergebnis zu.

_____

_____

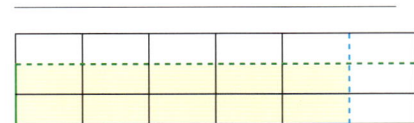

_____

_____

Aufgaben und Ergebnisse zum Abstreichen:

$\frac{1}{2} \cdot \frac{5}{6}$

$\frac{1}{3} \cdot \frac{1}{2}$

$\frac{2}{3} \cdot \frac{5}{6}$

$\frac{2}{3} \cdot \frac{1}{3}$

$\frac{1}{6}$	$\frac{1}{15}$
$\frac{2}{9}$	$\frac{5}{12}$
$\frac{5}{9}$	$\frac{4}{5}$
$\frac{4}{15}$	$\frac{6}{15}$
$\frac{10}{18}$	

b) Löse jeweils die Aufgabe und überprüfe das Ergebnis mithilfe des Rechtecks.

$\frac{1}{3} \cdot \frac{1}{5} =$ _____

$\frac{1}{3} \cdot \frac{4}{5} =$ _____

$\frac{2}{3} \cdot \frac{3}{5} =$ _____

$\frac{1}{5} \cdot 4 =$ _____

2 Multipliziere. Kürze, wenn möglich.

a) $\frac{1}{2} \cdot \frac{1}{4} =$ _____

b) $\frac{2}{3} \cdot \frac{4}{5} =$ _____

c) $\frac{4}{7} \cdot \frac{14}{8} =$ _____

d) $\frac{3}{9} \cdot \frac{8}{12} =$ _____

e) $\frac{11}{15} \cdot \frac{5}{7} =$ _____

f) $\frac{15}{18} \cdot \frac{9}{3} =$ _____

3 Ergänze die Tabelle.

·	$\frac{1}{2}$	$\frac{1}{3}$	$\frac{2}{3}$	$\frac{4}{9}$	$\frac{5}{7}$	3	10	$3\frac{1}{2}$
$\frac{1}{10}$								
$\frac{7}{10}$								
$\frac{5}{11}$								

4 Ergänze die fehlenden Zahlen in den Multiplikationsmauern.

a)

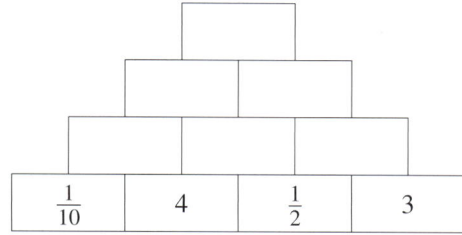

b)

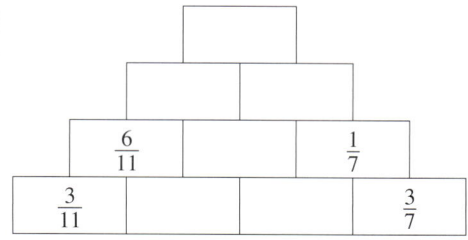

5 Ergänze jeweils den fehlenden Zähler und Nenner.

a) $\frac{2}{5} \cdot \frac{\square}{\square} = \frac{4}{15}$

b) $\frac{3}{2} \cdot \frac{\square}{\square} = \frac{9}{14}$

c) $\frac{7}{8} \cdot \frac{\square}{\square} = \frac{21}{80}$

6 Berechne folgende Anteile.

a) $\frac{1}{2}$ von $\frac{3}{4}$ l sind _____

b) $\frac{2}{5}$ von $\frac{3}{4}$ kg sind _____

c) $\frac{2}{3}$ von $\frac{4}{5}$ h sind _____

d) $\frac{1}{3}$ von $\frac{7}{8}$ m sind _____

e) $\frac{1}{4}$ von $\frac{1}{4}$ kg sind _____

f) $\frac{1}{8}$ von $\frac{8}{9}$ l sind _____

g) $\frac{1}{4}$ von $\frac{7}{44}$ kg sind _____

h) $\frac{4}{27}$ von $\frac{81}{16}$ t sind _____

i) $\frac{21}{28}$ von $\frac{1}{2}$ h sind _____

Anwenden und Vernetzen

7 Die Erde ist etwa zu $\frac{2}{3}$ mit Wasser bedeckt.
Die Hälfte davon nimmt der Pazifische Ozean ein. Der Atlantische Ozean besitzt
drei Zehntel und der Indische Ozean ein Fünftel der Wasserfläche.
Ermittle die jeweiligen Anteile der Ozeane an der gesamten Erdoberfläche.

_____

_____

_____

8 Kevins Eltern wollen ihre 3 m breite und 4 m lange rechteckige Terrasse mit Platten auslegen. Nur Platten, die am Rand
liegen, sollen notfalls zugeschnitten werden. Jede der Platten ist 40 cm breit und 60 cm lang.

a) Gib die Rechnung in Bruchschreibweise an.
   Trage gekürzte Brüche ein.

   $40 \, cm \cdot 60 \, cm = 0{,}24 \, m^2$

   $\frac{\square}{\square} \, m \cdot \frac{\square}{\square} \, m = \frac{\square}{\square} \, m^2$

b) Berechne, wie viele Platten zum Auslegen der
   Terrasse mindestens benötigt werden.

   _____

   _____

   _____

c) Zeichne die Terrasse mit Platten im Maßstab 1 : 50.
   Hinweis: Mit den Platten können unterschiedliche
   Muster gelegt werden.

Brüche dividieren

▶ **Grundwissen**

Ein Bruch wird durch einen Bruch dividiert, indem der Dividend mit dem Kehrwert des Divisors multipliziert wird.

Hinweis: Natürliche Zahlen können als Brüche mit dem Nenner 1 geschrieben werden.

Beispiele:

$\frac{4}{3} : \frac{5}{7} =$ _____

$\frac{4}{3} : 2 =$ _____

▶ **Auftrag:** Ergänze die Beispiele.

Trainieren

1 Bilde die Kehrwerte der Brüche.

a) Kehrwert von $\frac{7}{15}$ ist _____

b) Kehrwert von $\frac{7}{8}$ ist _____

c) Kehrwert von $1\frac{1}{3}$ ist _____

d) Kehrwert von 11 ist _____

e) Kehrwert von 3 ist _____

f) Kehrwert von $\frac{1}{4}$ ist _____

2 Dividiere. Kürze, wenn möglich.

a) $\frac{1}{2} : \frac{1}{2} =$ _____

b) $\frac{3}{4} : \frac{1}{4} =$ _____

c) $\frac{6}{5} : \frac{2}{3} =$ _____

d) $\frac{8}{9} : \frac{2}{3} =$ _____

e) $\frac{16}{12} : \frac{4}{3} =$ _____

f) $\frac{32}{12} : \frac{16}{24} =$ _____

g) $\frac{21}{17} : 7 =$ _____

h) $\frac{24}{16} : 12 =$ _____

i) $\frac{121}{169} : 11 =$ _____

j) $7 : \frac{2}{4} =$ _____

Ergebnisse zum Abstreichen:	
$\frac{11}{169}$	$\frac{4}{3}$
3	$\frac{1}{8}$
4	$\frac{3}{17}$
1	$1\frac{4}{5}$
1	14

3 Berechne jeweils zuerst das Ergebnis der Aufgabe.
Überprüfe danach mit der Umkehraufgabe dein Ergebnis.

a) $\frac{3}{10} : \frac{1}{2} =$ _____

b) $\frac{40}{63} : \frac{5}{7} =$ _____

c) $\frac{2}{13} : \frac{7}{3} =$ _____

$\dfrac{\square}{\square} \cdot \frac{1}{2} =$ _____

$\dfrac{\square}{\square} \cdot \frac{5}{7} =$ _____

$\dfrac{\square}{\square} \cdot \frac{7}{3} =$ _____

4 Setze jeweils in gleiche Symbole gleiche Brüche ein und veranschauliche die Anteile.

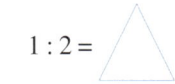
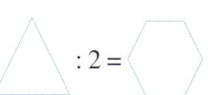

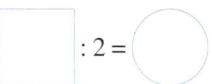
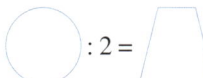
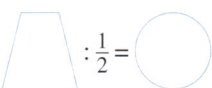
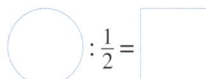
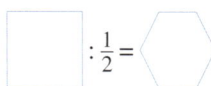

5 Ergänze den fehlenden Zähler und Nenner.

a) $28 : \dfrac{\boxed{}}{\boxed{}} = 7$

b) $\dfrac{16}{11} : \dfrac{\boxed{}}{\boxed{}} = \dfrac{4}{11}$

c) $\dfrac{1}{2} : \dfrac{\boxed{}}{\boxed{}} = \dfrac{1}{5}$

d) $\dfrac{\boxed{}}{\boxed{}} : 7 = \dfrac{3}{49}$

e) $\dfrac{\boxed{}}{\boxed{}} : \dfrac{5}{6} = 6$

f) $\dfrac{\boxed{}}{\boxed{}} : 1\dfrac{1}{4} = 4$

g) $\dfrac{2}{5} : \dfrac{\boxed{}}{\boxed{}} = \dfrac{2}{3}$

h) $\dfrac{\boxed{}}{\boxed{}} : \dfrac{4}{5} = \dfrac{7}{8}$

i) $1\dfrac{3}{4} : \dfrac{\boxed{}}{\boxed{}} = 3\dfrac{2}{3}$

6 Ergänze.

Dividend	$\dfrac{4}{5}$	$\dfrac{3}{2}$	$\dfrac{9}{4}$		$\dfrac{15}{8}$
Divisor			$\dfrac{3}{2}$	$\dfrac{3}{5}$	$\dfrac{5}{9}$
Quotient	$\dfrac{1}{5}$	3		$\dfrac{10}{7}$	

Anwenden und Vernetzen

7 Ermittle jeweils das Ergebnis mithilfe einer Rechnung.
Hinweis: $1\,l = 1\,000\,ml$; $1\,kg = 1\,000\,g$; $1\,m = 100\,cm$

a) Eine Flasche enthält $\dfrac{3}{4}\,l$ Limonade. Es werden 4 Gläser gleich voll gefüllt und danach ist die Flasche leer. Wie viel Liter Limonade sind in jedem Glas?

b) Eine große Teekanne enthält $1\dfrac{3}{4}\,l$ Tee. Wie viele Tassen kann man davon mit je $\dfrac{1}{8}\,l$ Tee füllen?

c) $45\dfrac{1}{2}\,kg$ Fleischsalat werden in 375-g-Becher gefüllt. Wie viele Becher können gefüllt werden?

d) Familie Reiselust fährt mit dem Zug zu den Großeltern. Sie fährt bereits 36 min. Das sind $\dfrac{3}{4}$ der gesamten Fahrzeit. Wie lange dauert die gesamte Fahrt?

e) Möglichst viele 40 cm lange Stücke sollen von $10\dfrac{1}{2}\,m$ Schnur abgeschnitten werden. Wie viele 40 cm lange Stücke kann man erhalten? Wie lang ist der Rest?

Rechengesetze und Rechenregeln

► **Grundwissen**

Terme in Klammern	nach rechts	von links	vor Strichrechnung	zuerst	Punktrechnung

$\frac{3}{5} \cdot \frac{7}{11} + \frac{3}{5} \cdot \frac{2}{3}$ $\frac{7}{11} \cdot \frac{3}{5}$ $\frac{7}{11} + \frac{3}{5}$ $\frac{3}{5} + \left(\frac{7}{11} + \frac{2}{3}\right)$ $\frac{3}{5} \cdot \frac{7}{11}$ $\frac{3}{5} \cdot \left(\frac{7}{11} + \frac{2}{3}\right)$ $\frac{3}{5} + \frac{7}{11}$ $\frac{3}{5} \cdot \left(\frac{7}{11} \cdot \frac{2}{3}\right)$ $\left(\frac{3}{5} \cdot \frac{7}{11}\right) \cdot \frac{2}{3}$ $\left(\frac{3}{5} + \frac{7}{11}\right) + \frac{2}{3}$

- _____
- _____
- _____
- Kommutativgesetze: _____
- Assoziativgesetze: _____
- Distributivgesetz: _____

► **Auftrag:** Formuliere Rechenregeln bzw. Beispiele zu den Rechengesetzen mit den Vorgaben.

Trainieren

1 Gib mithilfe der Rechengesetze jeweils einen Ausdruck mit demselben Ergebnis an.
Zusatzaufgabe: Berechne alle Ergebnisse möglichst vorteilhaft.

a) $\frac{7}{11} + \frac{12}{11} =$ _____

b) $\frac{3}{4} + \frac{3}{5} =$ _____

c) $\frac{5}{11} \cdot \frac{2}{5} =$ _____

d) $5\frac{1}{3} \cdot \frac{2}{3} =$ _____

e) $1\frac{1}{2} + \left(\frac{3}{4} + \frac{1}{2}\right) =$ _____

f) $\frac{7}{2} + 2\frac{3}{4} + \frac{1}{4} =$ _____

g) $\left(\frac{8}{27} \cdot \frac{9}{31}\right) \cdot \frac{62}{9} =$ _____

h) $2\frac{3}{5} \cdot \frac{3}{5} \cdot \frac{5}{3} =$ _____

i) $\frac{3}{4} \cdot \left(\frac{1}{3} + \frac{4}{3}\right) =$ _____

j) $\left(\frac{7}{5} + \frac{2}{15}\right) \cdot 5 =$ _____

k) $\left(\frac{2}{5} + \frac{2}{5}\right) : \frac{1}{4} =$ _____

l) $\frac{10}{11} : \left(\frac{1}{2} - \frac{1}{3}\right) =$ _____

2 Rechne möglichst vorteilhaft. Gib das Ergebnis, wenn möglich, als gemischte Zahl an.

a) $\frac{3}{4} + \frac{2}{3} + \frac{1}{4} =$ _____

b) $\frac{1}{4} + \frac{1}{12} + \frac{5}{12} =$ _____

c) $\frac{1}{5} + \frac{1}{15} + \frac{2}{15} =$ _____

d) $\frac{1}{7} + \frac{93}{12} + \frac{5}{12} - \frac{2}{14} =$ _____

e) $\frac{1}{5} \cdot \frac{15}{7} \cdot \frac{21}{15} =$ _____

f) $\frac{7}{4} \cdot \frac{11}{23} \cdot \frac{8}{7} =$ _____

g) $\frac{1}{4} \cdot \frac{18}{63} + \frac{18}{63} \cdot \frac{3}{4} =$ _____

h) $\frac{10}{7} \cdot \frac{61}{90} + \frac{4}{7} \cdot \frac{61}{90} =$ _____

i) $\left(\frac{1}{4} - \frac{3}{16}\right) : \frac{3}{8} + \frac{7}{4} =$ _____

j) $\left(\frac{1}{7} + \frac{21}{2}\right) \cdot \left(\frac{5}{6} - \frac{1}{3}\right) =$ _____

3 Berechne das Ergebnis möglichst vorteilhaft. $\quad \frac{2}{3} + \frac{3}{4} \cdot \frac{1}{3} \cdot \frac{3}{5} \cdot \frac{4}{3} + \frac{1}{2} \cdot \left(\frac{2}{3} - \frac{1}{2} + \frac{1}{3}\right) - \left(\frac{3}{4} + \frac{3}{5}\right) : 3 + \frac{1}{3}$

_____

_____

4 Bilde zu den Rechengesetzen passende Ausdrücke und berechne das Ergebnis.

Kommutativgesetz der Addition: $\frac{2}{5}\ \square\ \frac{2}{15} =$ _____

Kommutativgesetz der Multiplikation: $\frac{3}{7}\ \square\ \frac{5}{12} =$ _____

Assoziativgesetz der Addition: $\frac{2}{9}\ \square\ \frac{1}{4}\ \square\ \frac{3}{4} =$ _____

Assoziativgesetz der Multiplikation: $\frac{3}{7}\ \square\ \frac{3}{5}\ \square\ \frac{1}{2} =$ _____

Distributivgesetz: $\frac{3}{7}\ \square\ \frac{1}{8}\ \square\ \frac{3}{7}\ \square\ \frac{7}{8} =$ _____

5 Bilde mit den Ziffern und einer Rechenoperation eine Aufgabe mit möglichst großem Ergebnis.
Hinweis: Rechne, wenn nötig, auf einem zusätzlichen Blatt.
Zusatzaufgabe: Bilde eine Aufgabe mit möglichst kleinem Ergebnis.

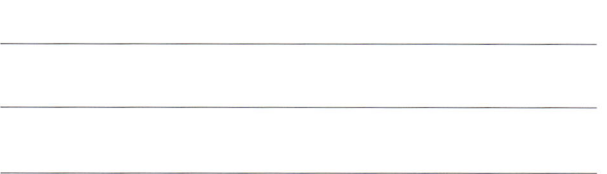

4	5	2	4
2	8	8	5

Anwenden und Vernetzen

6 Insgesamt 45 t Kies werden für den Bau einer neuen Halle benötigt. 1 t Kies kostet jeweils 15 €.
In einzelnen Fuhren wurden bisher $8\frac{1}{2}$ t, $10\frac{3}{4}$ t, $9\frac{1}{2}$ t und $4\frac{1}{2}$ t Kies geliefert.
Diese Fuhren sind bereits bezahlt.

Wie viel ist für den restlichen Kies zu zahlen?

_____

_____

_____

7 Zeichne zu zwei Ergebnissen einen Weg im Labyrinth ein. Kein Raum darf dabei zweimal betreten werden.
Hinweis: Rechne, wenn nötig, auf einem zusätzlichen Blatt.
Zusatzaufgabe: Zeichne alle drei Wege im Labyrinth ein.

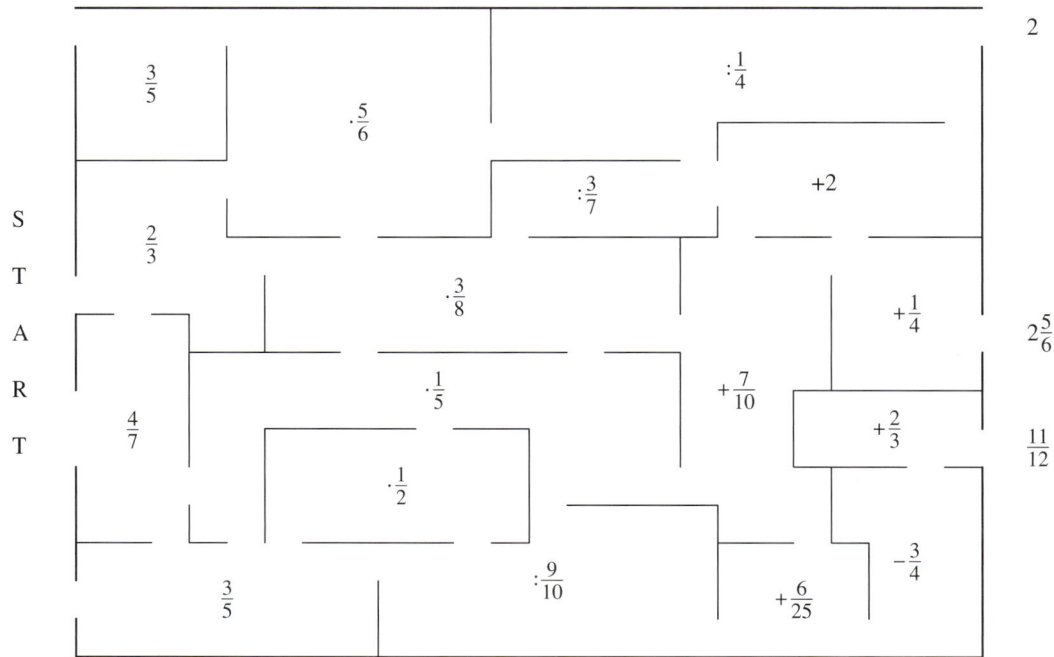

Winkel an Geradenkreuzungen

▶ **Grundwissen**

- Die Winkel α und γ sind ein Paar _____
  Sie sind gleich groß.

- Die Winkel α und β sind ein Paar _____
  Sie sind zusammen 180° groß.

- Die Winkel α und δ sind ein Paar _____
  Sie sind an geschnittenen Parallelen gleich groß.

- Die Winkel α und ε sind ein Paar _____
  Sie sind an geschnittenen Parallelen gleich groß.

▶ **Auftrag:** Ergänze Fachbegriffe.

Trainieren

1 Scheitelwinkel und Nebenwinkel

a) Gib alle Scheitelwinkelpaare an. _____

b) Welche Winkel bilden zusammen Nebenwinkel von α_1? _____

2 Gib alle Paare von Stufenwinkeln bzw. Wechselwinkeln an.

Paare von Stufenwinkeln: _____

Paare von Wechselwinkeln: _____

3 Winkel an geschnittenen Parallelen

a) Markiere entsprechende Winkel.

Lege zuvor die Farben fest.
☐ Scheitelwinkel zu δ_4
☐ Nebenwinkel zu α_1
☐ Wechselwinkel zu β_2
☐ Stufenwinkel zu γ_3

b) Benenne die Winkelpaare.

α_3 und β_3 sind ein Paar _____ γ_4 und α_2 sind ein Paar _____

δ_2 und β_2 sind ein Paar _____ γ_3 und α_3 sind ein Paar _____

α_2 und α_4 sind ein Paar _____ δ_2 und β_2 sind ein Paar _____

γ_1 und α_3 sind ein Paar _____ δ_2 und α_2 sind ein Paar _____

c) Stell dir vor, die Lage der Geraden – „der Holzlatten" – wird etwas verändert.
Dadurch ist keine mehr parallel zu einer anderen.
Welche Auswirkungen hat dies auf folgende Winkelpaare?

α_1 und δ_1 sind _____

α_2 und γ_4 sind _____

4 Buchstaben aus Paaren zueinander paralleler Strecken

  a) Markiere Winkel, die so groß sind wie der blaue Winkel, im jeweiligen Buchstaben farbig.

  b) Markiere in einer anderen Farbe Winkel, die jeweils mit dem blauen Winkel zusammen 180° ergeben.
Zusatzaufgabe: Begründe deine Entscheidungen.

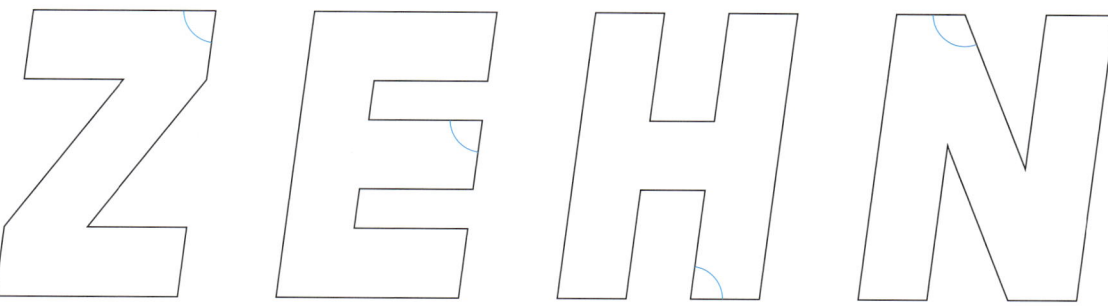

Anwenden und Vernetzen

5 Können die Angaben stimmen?

  a) $\alpha_1 = 46°$; $\beta_1 = 134°$; $\gamma_1 = 46°$; $\delta_1 = 134°$ ☐ ja ☐ nein

  b) $\alpha_1 = 25°$; $\alpha_2 = 25°$; $\alpha_3 = 25°$; $\alpha_4 = 25°$ ☐ ja ☐ nein

  c) $\alpha_1 = 37°$; $\gamma_1 = 37°$; $\alpha_2 = 37°$; $\gamma_2 = 37°$ ☐ ja ☐ nein

  d) $\alpha_1 = 77°$; $\gamma_1 = 77°$; $\alpha_4 = 77°$; $\gamma_4 = 77°$ ☐ ja ☐ nein

  e) $\alpha_1 = 45°$; $\delta_2 = 125°$; $\alpha_2 = 45°$; $\beta_2 = 125°$ ☐ ja ☐ nein

  f) $\alpha_1 = 92°$; $\alpha_4 = 54°$; $\beta_1 = 88°$; $\beta_3 = 126°$ ☐ ja ☐ nein

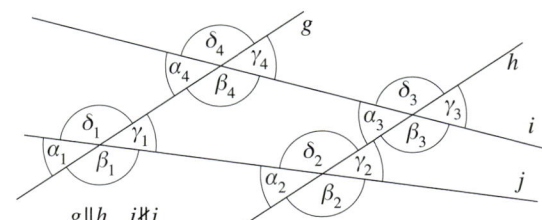

$g \parallel h \quad i \nparallel j$

6 Die Geraden g und h sind parallel zueinander.
Berechne die Größe von α.
Hinweis: Zeichne eine weitere Gerade ein.

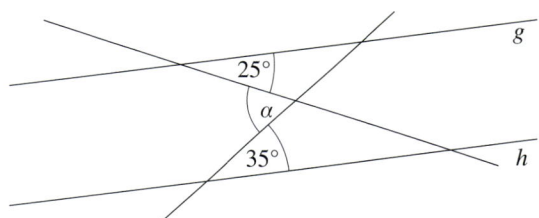

7 Winkel in bzw. an Parallelogrammen und Trapezen

  a) Zeichne jeweils zwei Geraden, sodass ein Parallelogramm und ein nicht gleichschenkliges Trapez entstehen.
Zähle die Anzahl der entstandenen Paare gleich großer Stufen- und Wechselwinkel.

    ① Parallelogramm   ② nicht gleichschenkliges Trapez

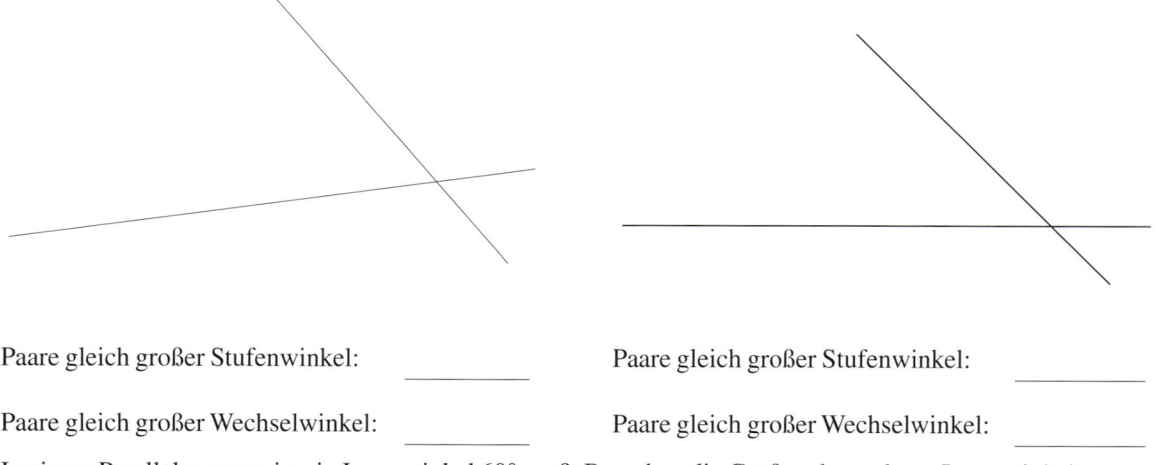

Paare gleich großer Stufenwinkel: _____   Paare gleich großer Stufenwinkel: _____

Paare gleich großer Wechselwinkel: _____   Paare gleich großer Wechselwinkel: _____

  b) In einem Parallelogramm ist ein Innenwinkel 60° groß. Berechne die Größen der anderen Innenwinkel.
Hinweis: Nutze die Zeichnung bei Teilaufgabe **a**.

Benennung von Dreiecken

▶ **Grundwissen**

Einteilung nach den Seiten und Winkeln   Beispiele:

- Jedes gleichseitige Dreieck hat _____ Seiten.

- Jedes gleichschenklige Dreieck hat _____ Seiten.

- Jedes unregelmäßige Dreieck hat _____ Seiten.

- Jedes spitzwinklige Dreieck hat _____ Winkel.

- Jedes rechtwinklige Dreieck hat _____ Winkel.

- Jedes stumpfwinklige Dreieck hat _____ Winkel.

▶ **Auftrag:** Ergänze die Sätze.

Trainieren

1 Markieren von Dreiecken

a) Markiere rechts entsprechende Dreiecke. Lege zuvor die Farben fest.

  ☐ gleichseitiges Dreieck

  ☐ gleichschenkliges Dreieck

  ☐ unregelmäßiges Dreieck

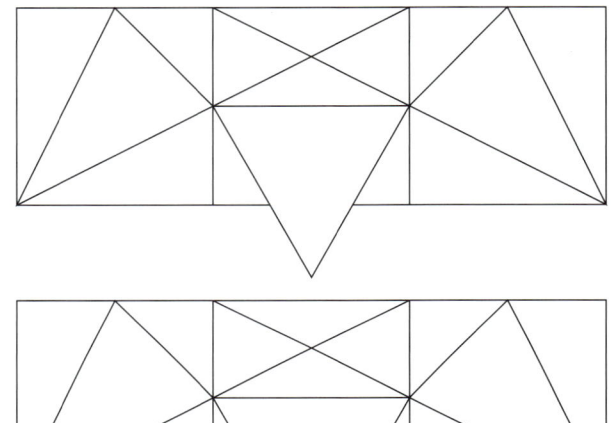

b) Markiere rechts entsprechende Dreiecke. Lege zuvor die Farben fest.

  ☐ spitzwinklige Dreiecke

  ☐ rechtwinklige Dreiecke

  ☐ stumpfwinklige Dreiecke

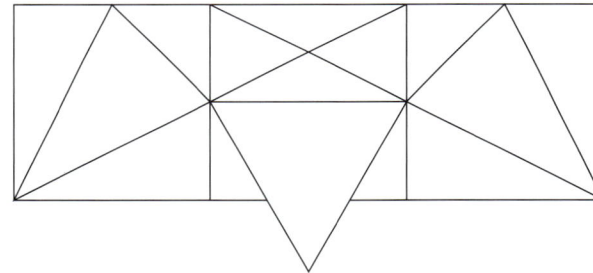

2 Ergänze die Tabelle.
Zusatzaufgabe: Was fällt in der letzten Spalte auf? Wieso ist das so?

	unregel-mäßiges Dreieck	gleich-schenkliges Dreieck	gleich-seitiges Dreieck
spitz-winkliges Dreieck			
recht-winkliges Dreieck		$\triangle ABC$	
stumpf-winkliges Dreieck			

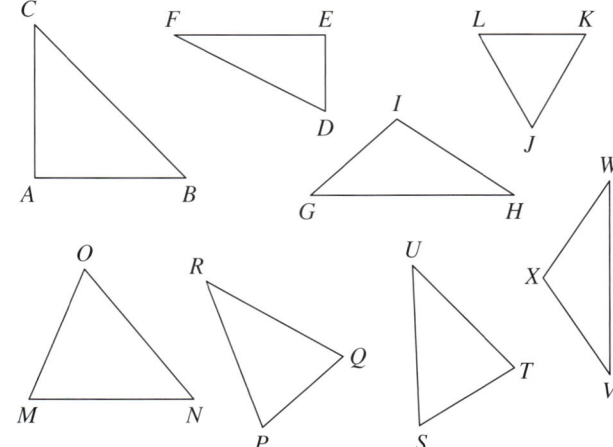

3 Ergänze die fehlenden Koordinaten.
Hinweis: Vergleicht die Vorschläge untereinander.

a) Dreieck *ABC* ist spitzwinklig
und nicht gleichschenklig mit $\quad C(\underline{\quad}\;|\;6\;)$.

b) Dreieck *ABC* ist spitzwinklig
und gleichschenklig mit $\quad C(\underline{\quad}\;|\;12\;)$.

c) Dreieck *ABC* ist stumpfwinklig
und nicht gleichschenklig mit $\quad C(\underline{\quad}\;|\;11\;)$.

d) Dreieck *ABC* ist rechtwinklig
und gleichschenklig mit $\quad C(\underline{\quad}\;|\;\underline{\quad})$.

e) Dreieck *ABC* ist rechtwinklig
und nicht gleichschenklig mit $\quad C(\underline{\quad}\;|\;\underline{\quad})$.

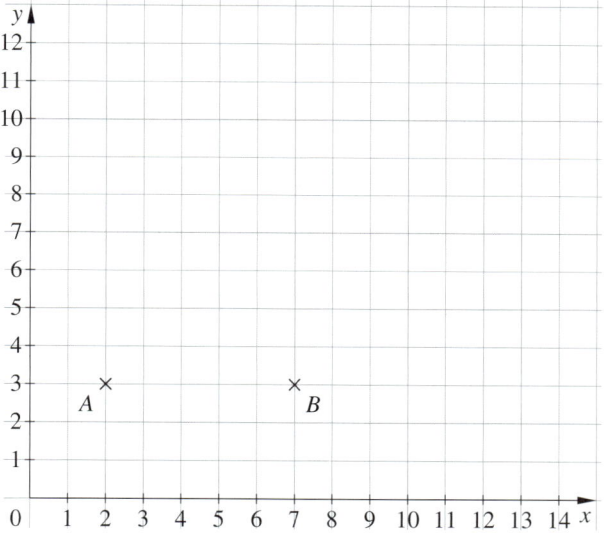

Anwenden und Vernetzen

4 Dreiecke aus Münzen

a) Auf einem Tisch liegen 12 Münzen. Skizziere alle unterschiedlich großen gleichseitigen Dreiecke, die aus den vorhandenen Münzen gelegt werden können.

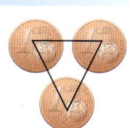

b) Wie viele Münzen sind jeweils mindestens umzulegen, damit alle „Spitzen" in eine andere Richtung zeigen? Schreibe die Anzahl an die Skizze.

5 Suchen und Entdecken von Figuren

a) Gib die jeweilige Anzahl der Dreiecke einer Art an.

gleichseitige Dreiecke $\underline{\hspace{5cm}}$

gleichschenklige Dreiecke $\underline{\hspace{5cm}}$

unregelmäßige Dreiecke $\underline{\hspace{5cm}}$

rechtwinklige Dreiecke $\underline{\hspace{5cm}}$

spitzwinklige Dreiecke $\underline{\hspace{5cm}}$

stumpfwinklige Dreiecke $\underline{\hspace{5cm}}$

Dreiecke insgesamt $\underline{\hspace{5cm}}$

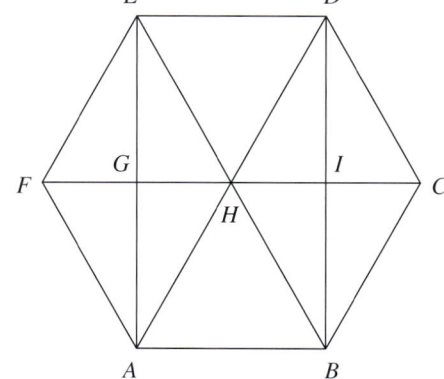

b) Schreibe möglichst viele Arten von Figuren auf, die ebenfalls zu entdecken sind.

$\underline{\hspace{14cm}}$

Innenwinkelsumme im Dreieck und im Viereck

▶ **Grundwissen**

• In jedem Dreieck beträgt die Innenwinkelsumme _____

Beispiel: $\alpha + \beta + \gamma = 50° + 30° + 100° =$ _____

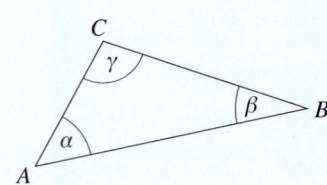

• In jedem Viereck beträgt die Innenwinkelsumme _____

Beispiel: $\alpha + \beta + \gamma + \delta = 110° + 45° + 140° + 65° =$ _____

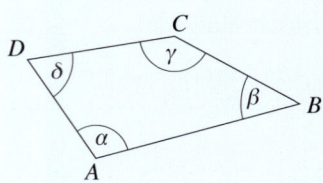

▶ **Auftrag:** Ergänze die Innenwinkelsummen.

Trainieren

1 Miss die Größen der Innenwinkel und bilde jeweils deren Summe.

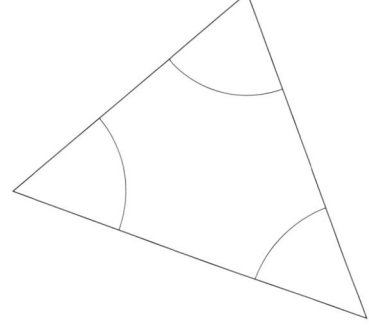 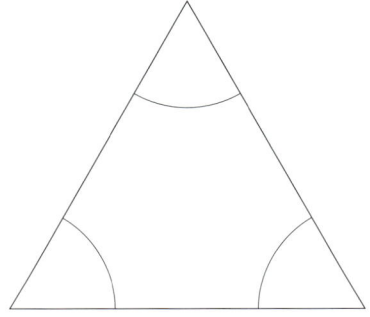 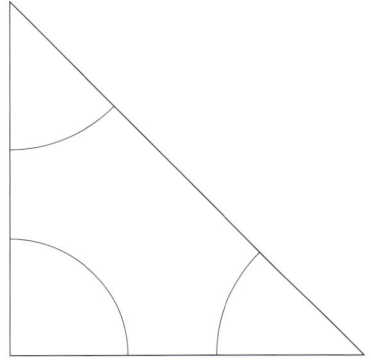

_____ _____ _____

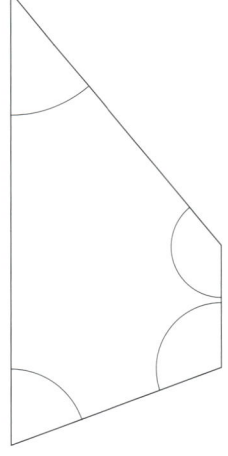 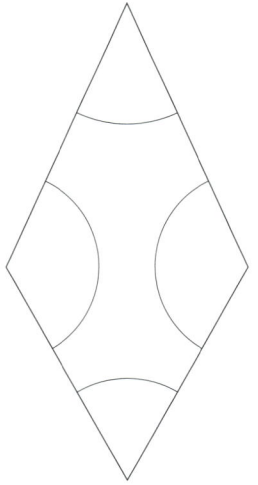 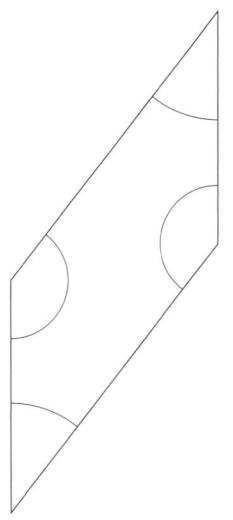

_____ _____ _____

2 Ermitteln von Innenwinkelsummen durch Abreißen von Ecken

a) Schneide ein beliebiges Viereck aus, reiße die Ecken ab und lege sie Spitze an Spitze aneinander. Was für einen Winkel bilden die Ecken zusammen? Zusatzaufgabe: Probiere es mit verschiedenartigen Vierecken und auch Dreiecken oder Sechsecken aus.

_____

b) Gib die Größen der Winkel an, die zu einem Dreieck oder einem Viereck gehören können. Finde, wenn möglich, jeweils zwei Lösungen.

Dreiecke: _____

Vierecke: _____

3 Berechne die fehlenden Winkelgrößen der Dreiecke.

α	120°	65°		112°	57°	73°
β	30°		30°		99°	
γ		50°	64°	5°		68°

4 Berechne die fehlenden Winkelgrößen der Vierecke.

α	170°	52°	95°		90°	95°
β	85°	185°		18°		95°
γ	85°		55°	256°	90°	
δ		100°	110°	34°	90°	85°

Anwenden und Vernetzen

5 Beurteile die Aussagen. Begründe deine Entscheidung.

Antje schrieb: „Es gibt ein gleichschenkliges Dreieck, in dem zwei Winkel 95° groß sind." ☐ wahr ☐ falsch

_____

Hanna schrieb: „Es gibt ein Dreieck, in dem alle Winkel kleiner als 50° sind." ☐ wahr ☐ falsch

_____

Felix schrieb: „Es gibt ein Viereck, in dem alle Winkel 90° groß sind." ☐ wahr ☐ falsch

_____

Elise schrieb: „Es gibt ein Viereck, in dem jeweils zwei Winkel gleich groß sind." ☐ wahr ☐ falsch

_____

6 Beschreibe, wie die Innenwinkelsumme relativ schnell bestimmt werden kann, und gib diese an. Hinweis: Zeichne Linien ein.

_____

_____

Argumentieren in der Geometrie

▶ Grundwissen

- Für den Nachweis, dass eine Aussage falsch ist, bedarf es nur eines Gegenbeispiels.

  Beispiel für eine falsche Aussage:
  „In jedem Dreieck beträgt die Innenwinkelsumme 200°."

  Gegenbeispiel: $30° + 90° + 60° = 180° \neq 200°$

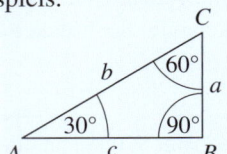

- Für den Nachweis, dass eine Aussage wahr ist, bedarf es einer mathematischen Begründung (eines Beweises).

  Beispiel für eine wahre Aussage:
  „Zwei benachbarte Winkel in einem Parallelogramm sind zusammen 180° groß."

  Voraussetzung: α und δ sind zwei benachbarte Winkel in einem Parallelogramm.

  Behauptung: $\alpha + \delta = 180°$

  Beweis: Die zueinander parallelen Seiten a und c werden von der Geraden d geschnitten.

  Somit gilt $\alpha =$ ____ (Stufenwinkelsatz) und $\delta +$ ____ $= 180°$ (Nebenwinkelsatz).

  Somit gilt auch $\delta + \alpha =$ _____ Was zu zeigen war, d. h., die Aussage ist _____

▶ **Auftrag:** Ergänze das Beispiel.

▶ Trainieren

1 Markiere zuerst jeweils die Voraussetzung und die Behauptung.   ☐ Voraussetzung   ☐ Behauptung
Widerlege danach jede Behauptung mit einem Gegenbeispiel.

   a) Elisa sagt: Gegenbeispiel:

      „Wenn ein Dreieck rechtwinklig ist, dann ist es auch gleichschenklig."

   b) Nele sagt: Gegenbeispiel:

      „In jedem stumpfen Dreieck sind zwei Winkel gleich groß."

   c) Maoris sagt: Gegenbeispiel:

      „Wechselwinkel an geschnittenen Geraden sind gleich groß."

2 Vervollständige die Zeichnung und den Beweis.

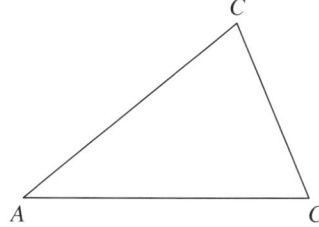

„In jedem Dreieck beträgt die Summe der Innenwinkel 180°."

Voraussetzung: α, β und γ sind Innenwinkel eines Dreiecks und Gerade e geht parallel zu c durch den Punkt C.

Behauptung: _____

Beweis: _____ (Gestreckte Winkel sind 180° groß.)

       _____ (Wechselwinkel an geschnittenen Parallelen sind gleich groß.)

       Somit gilt _____ Was zu zeigen war, d. h., die Aussage ist wahr.

3 Vervollständige die Zeichnungen und die Beweise.

a) „In jedem Viereck beträgt die Innenwinkelsumme 360°.“

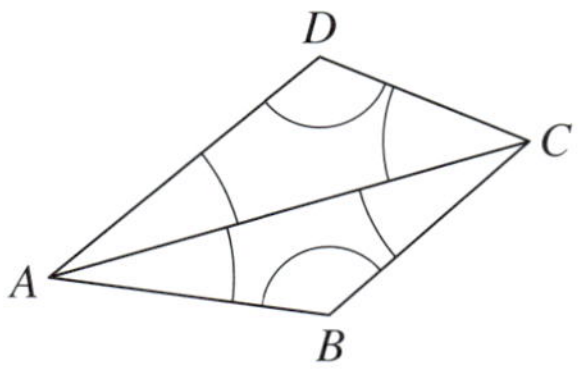

Voraussetzung: Fläche $ABCD$ ist ein Viereck mit der Diagonalen $\overline{AC}$.

Behauptung: _____

Beweis: _____   (Innenwinkelsumme im Dreieck)

_____   (Innenwinkelsumme im Dreieck)

_____

Somit gilt _____   Was zu zeigen war, d. h., die Aussage ist wahr.

b) „In jedem Fünfeck beträgt die Innenwinkelsumme 540°.“

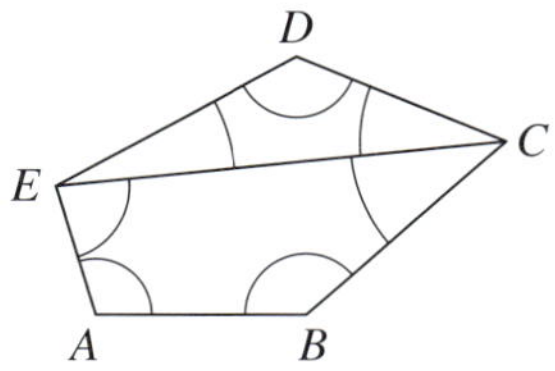

Voraussetzung: Fläche $ABCDE$ ist ein Fünfeck mit der Diagonalen $\overline{CE}$.

Behauptung: _____

Beweis: _____   (Innenwinkelsumme im Viereck)

_____   (Innenwinkelsumme im Dreieck)

_____

Somit gilt _____   Was zu zeigen war, d. h., die Aussage ist wahr.

Anwenden und Vernetzen

4 Aufgepasst beim Grundstückskauf!

a) Übertrage Fläche ① auf ein zusätzliches Blatt und lege damit Fläche ②.

b) Ermittle die Größen beider Flächen im Maßstab 200 : 1.

_____

_____

c) Was stimmt hier nicht? Warum?

_____

_____

_____

_____

d) Zusatzaufgabe: Ermittle, um wie viel Prozent Fläche ① kleiner ist als Fläche ②
und um wie viel Prozent Fläche ② größer ist als Fläche ①.

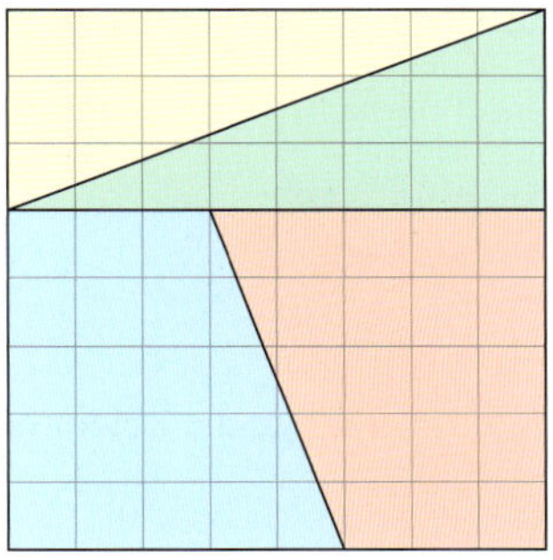

_____

_____

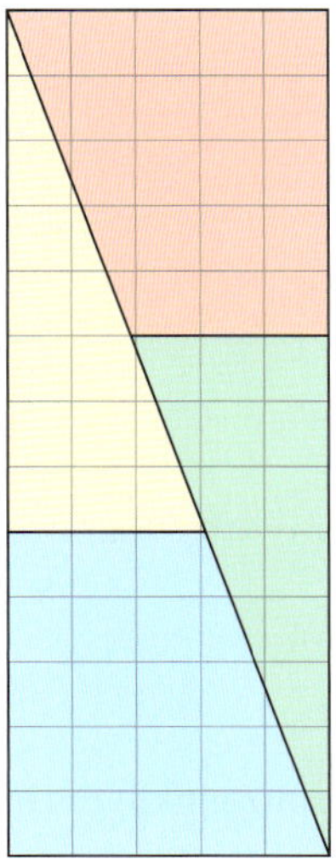

Mittelsenkrechte und Winkelhalbierende

▶ Grundwissen

- Auf der Mittelsenkrechten einer Strecke $\overline{AB}$ liegen alle Punkte, die von den Punkten A und B den gleichen Abstand haben.

  Die Mittelsenkrechten der Seiten eines Dreiecks schneiden einander im Mittelpunkt des Umkreises des Dreiecks.

  Beispiel:

  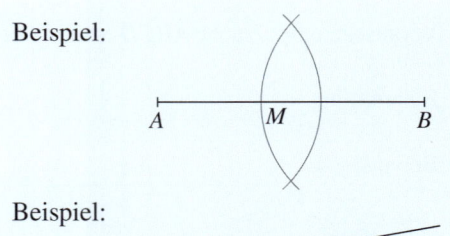

- Auf der Winkelhalbierenden eines Winkels liegen alle Punkte, die von den Schenkeln des Winkels den gleichen Abstand haben.

  Die Winkelhalbierenden der Winkel eines Dreiecks schneiden einander im Mittelpunkt des Inkreises des Dreiecks.

  Beispiel:

  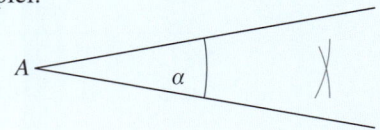

▶ **Auftrag:** Ergänze in der Zeichnung die Mittelsenkrechte bzw. die Winkelhalbierende.

Trainieren

1 Konstruiere jeweils die Mittelsenkrechte.

a)

b)

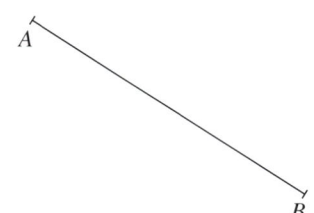

2 Konstruiere jeweils die Mittelsenkrechten aller Seiten des Dreiecks und den Umkreis.
Zusatzaufgabe: Untersuche, wie die Lage des Mittelpunktes des Umkreises von der Dreiecksart abhängt.

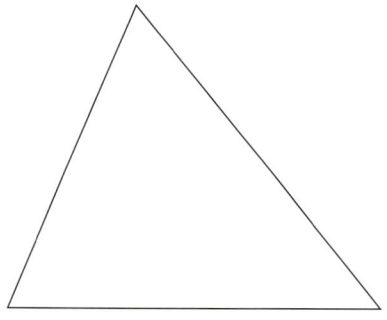

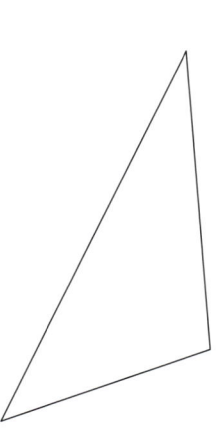

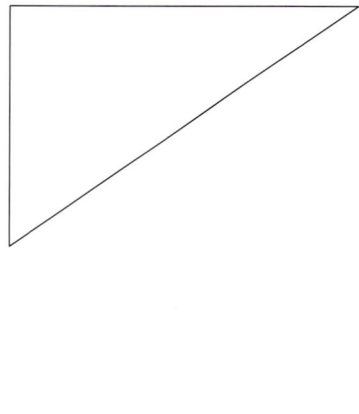

spitzwinkliges Dreieck   stumpfwinkliges Dreieck   rechtwinkliges Dreieck

3 Konstruiere jeweils die Winkelhalbierende.

a)

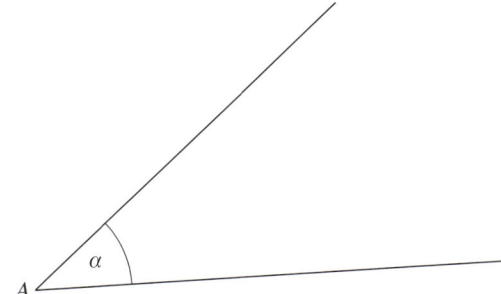

b)

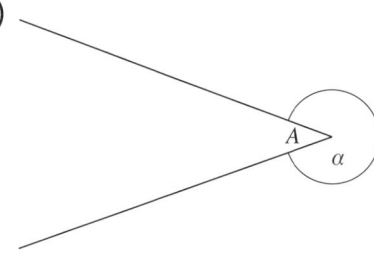

4 Konstruiere jeweils die Winkelhalbierenden der Winkel des Dreiecks und den Inkreis.

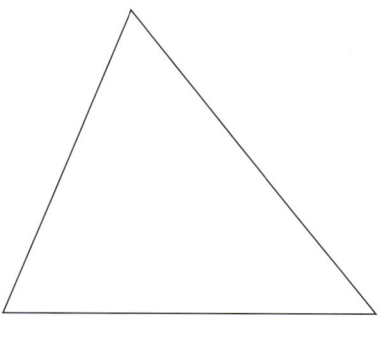
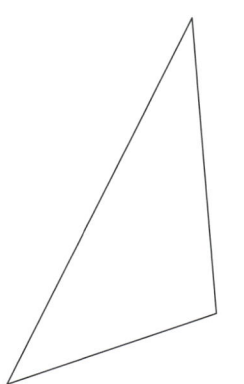
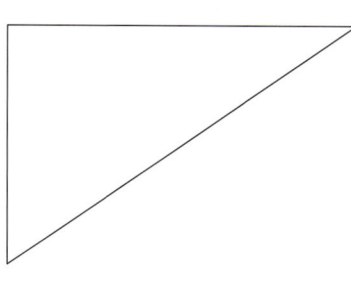

spitzwinkliges Dreieck   stumpfwinkliges Dreieck   rechtwinkliges Dreieck

Anwenden und Vernetzen

5 Ein Rettungshubschrauber soll so stationiert werden, dass er die drei eingezeichneten Orte gleich schnell erreichen kann. Schlage einen Standort vor und begründe deine Entscheidung.

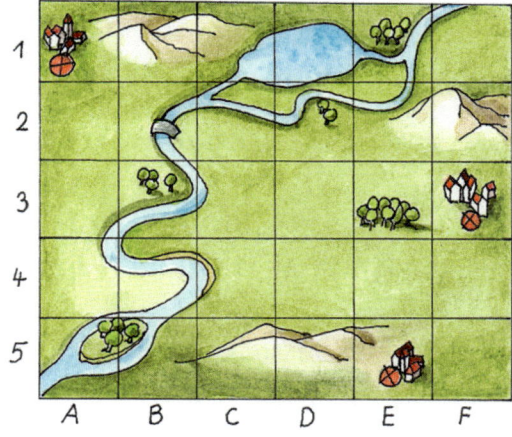

_____

_____

_____

_____

_____

6 Parallelogramm

a) Zeichne die Winkelhalbierende jedes Winkels des Parallelogramms ein.

b) Teile der Winkelhalbierenden bilden ein Viereck im Inneren des Parallelogramms.
Was für ein Viereck ist es?

_____

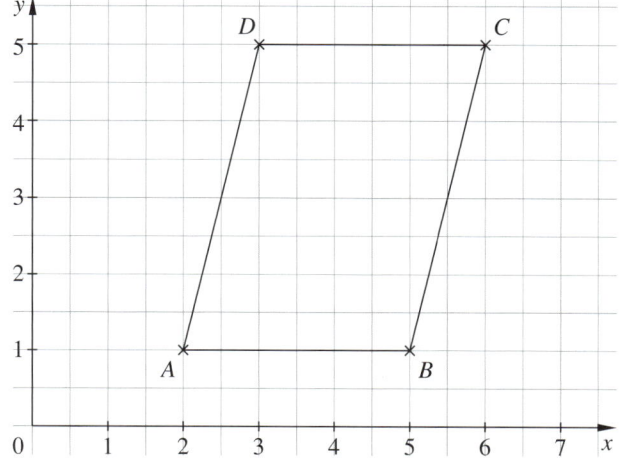

Proportionale Zuordnungen

▶ **Grundwissen**

- Bei proportionalen Zuordnungen folgt aus der Verdopplung, der Verdreifachung, … einer Größe die Verdopplung, die Verdreifachung, … der zugeordneten Größe.

- Der Quotient aus dem zugeordneten Wert und dem vorgegebenen Wert ist stets gleich. Der Quotient heißt Proportionalitätsfaktor.

- Trägt man die geordneten Paare in ein Koordinatensystem ein, so liegen die Punkte auf einer Halbgeraden (Strahl), die vom Ursprung des Koordinatensystems ausgeht.

Beispiel:

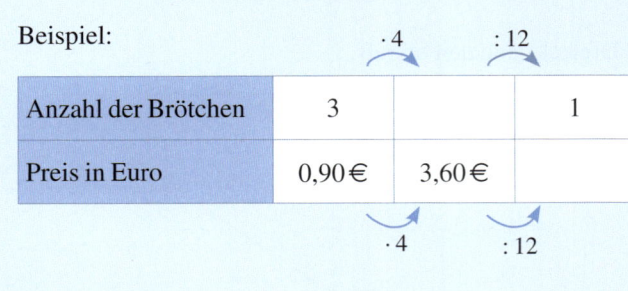

Anzahl der Brötchen	3		1
Preis in Euro	0,90 €	3,60 €	

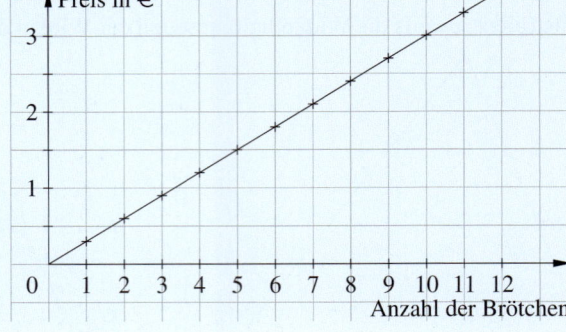

Der Proportionalitätsfaktor ist _____

▶ **Auftrag:** Vervollständige das Beispiel.

Trainieren

1 Kreuze die Tabellen zu proportionalen Zuordnungen an.
Zusatzaufgabe: Verändere bei einer Zuordnung einen y-Wert, sodass eine proportionale Zuordnung entsteht.

a) ☐

x	1	2	3	4
y	2	4	6	8

b) ☐

x	1	2	3	4
y	3	4	5	6

c) ☐

x	0	1	2	3
y	0	3	6	9

d) ☐

x	10	20	30	45
y	2	4	6	8

2 Ergänze die Tabellen zu proportionalen Zuordnungen. Gib die Proportionalitätsfaktoren an.

a)

Super in l	1	10	20	30
Preis in €	1,5			

Der Proportionalitätsfaktor ist _____

b)

Zeit in min	1	20	40	50
Wasser in l		28		

Der Proportionalitätsfaktor ist _____

c)

Arbeitszeit in h	10	20	30	40
Lohn in €				360

Der Proportionalitätsfaktor ist _____

d)

Silber in cm³	5	10	30	40
Masse in g			315	

Der Proportionalitätsfaktor ist _____

3 Kreuze die Koordinatensysteme mit proportionalen Zuordnungen an.
Zusatzaufgabe: Verändere bei einer Zuordnung einen Punkt, sodass eine proportionale Zuordnung entsteht.

a) ☐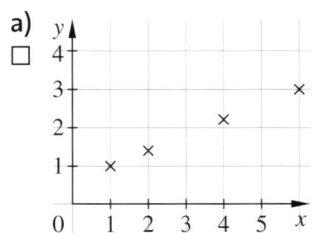

b) ☐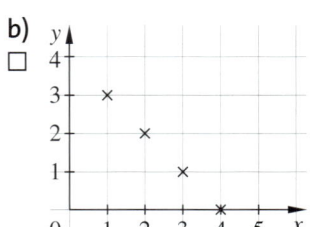

c) ☐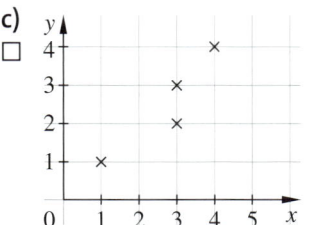

d) ☐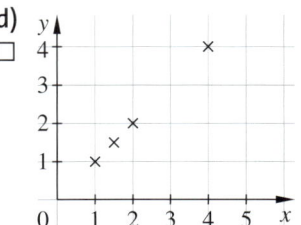

4 Veranschauliche die Zuordnungen im Koordinatensystem und entscheide jeweils, ob sie proportional ist.

a)

x	1	2	3	4	5	6
y	0,5	1	1,5	2	2,5	3

Proportionalität liegt …   ☐ vor   ☐ nicht vor

b)

x	1	2	3	4	5	6
y	2	3	3,5	4	5	5,5

Proportionalität liegt …   ☐ vor   ☐ nicht vor

c)

x	1	2	3	4	5	6
y	1,5	2	2,5	3	3,5	4

Proportionalität liegt …   ☐ vor   ☐ nicht vor

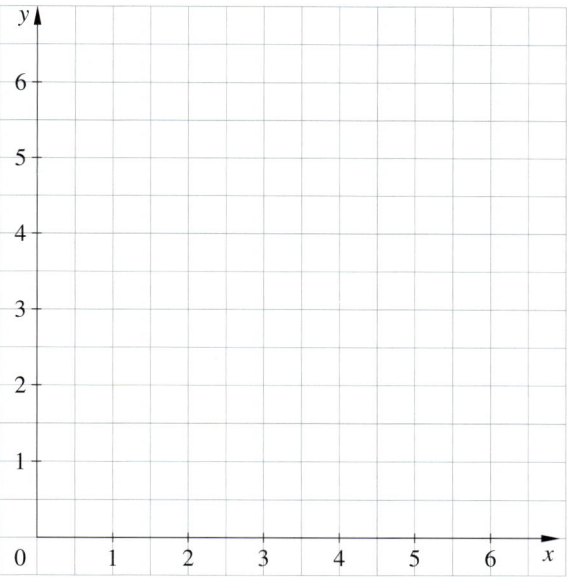

Anwenden und Vernetzen

5 Einwohnerzahlen einiger großer Städte

 Berlin 3 500 000

 Kairo 8 000 000

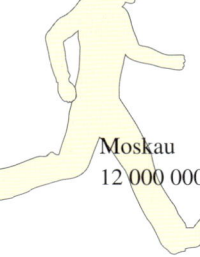 Moskau 12 000 000

New York 8 200 000

Paris 2 200 000

Rio de Janeiro 6 300 000

Sydney 4 600 000

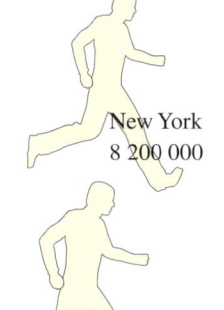 Tokio 9 000 000

a) Veranschauliche die Zuordnung
Höhe der Person → Einwohnerzahl.
Woran ist zu erkennen, dass sie proportional ist?

_____

_____

_____

Ermittle den Proportionalitätsfaktor.

_____

_____

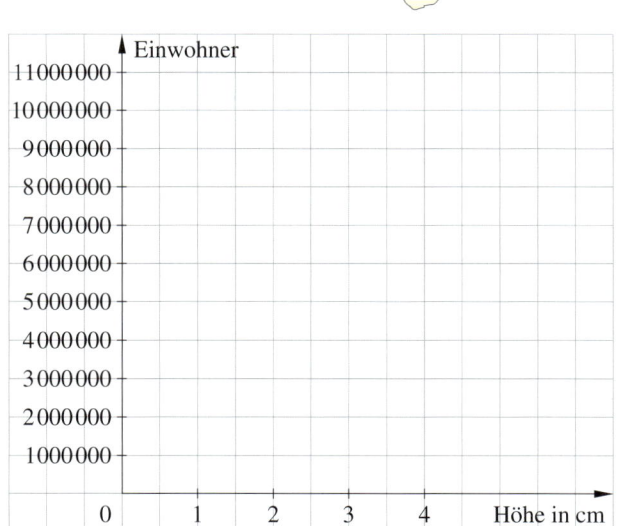

b) Max sagt: „Es sieht so aus, als ob Berlin mehr als doppelt so viele Einwohner wie Paris hat. Wie kommt das?"

_____

_____

Antiproportionale Zuordnungen

▶ **Grundwissen**

- Bei antiproportionalen Zuordnungen folgt aus der Verdopplung, der Verdreifachung, … einer Größe die Halbierung, die Drittelung, … der zugeordneten Größe.

- Das Produkt aus dem zugeordneten Wert und dem vorgegebenen Wert ist stets gleich.

- Trägt man die geordneten Paare in ein Koordinatensystem ein, so liegen die Punkte auf einer gekrümmten fallenden Linie (Teil einer Hyperbel).

Beispiel:

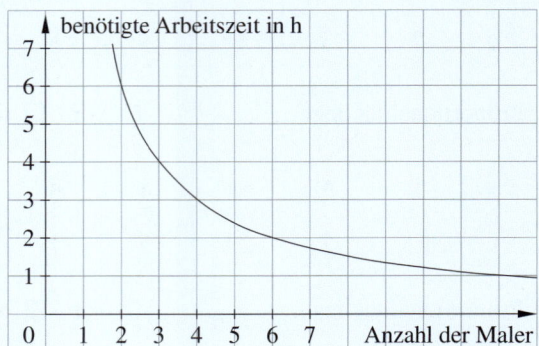

Anzahl der Maler	2		6
Arbeitszeit in h	6	4	

· 1,5   · 2

: 1,5   : 2

Das Produkt der einander zugeordneten Werte ist _____

▶ **Auftrag:** Vervollständige das Beispiel und trage entsprechende Punkte ins Koordinatensystem ein.

Trainieren

1 Kreuze die Tabellen zu antiproportionalen Zuordnungen an.
Zusatzaufgabe: Verändere bei einer Zuordnung einen y-Wert, sodass eine antiproportionale Zuordnung entsteht.

a) ☐

x	1	2	4	8
y	8	4	2	1

b) ☐

x	1	2	3	6
y	6	3	5	1

c) ☐

x	1	2	4	32
y	32	16	8	1

d) ☐

x	2	5	7	11
y	2	5	7	11

2 Ergänze die Tabellen zu antiproportionalen Zuordnungen.
Gib die Produkte der einander zugeordneten Werte an.

a)

Anzahl der Schüler	1	2	4	5
Preis pro Schüler in €	100			

Das Produkt einander zugeordneter Werte ist _____

b)

Anzahl der Arbeiter	1	2	5	15
Arbeitsdauer in h		15		

Das Produkt einander zugeordneter Werte ist _____

c)

Anzahl der Tiere	120	100	80	60
Futtervorrat in Tagen			3	

Das Produkt einander zugeordneter Werte ist _____

d)

Verbrauch pro 100 km in l	10	5	6	40
Fahrstrecke in km				21

Das Produkt einander zugeordneter Werte ist _____

3 Kreuze die Koordinatensysteme mit antiproportionalen Zuordnungen an.

a) ☐

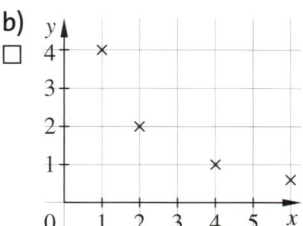

b) ☐

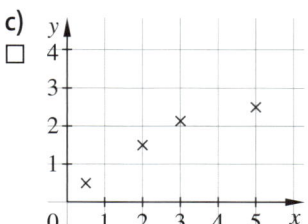

c) ☐

d) ☐

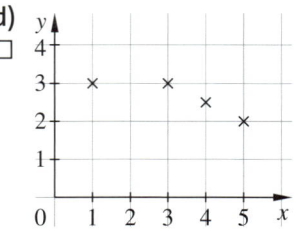

4 Veranschauliche die Zuordnungen und entscheide jeweils mithilfe der Tabelle, ob sie antiproportional ist.

a)

x	6	4	3	2	1,5	1
y	1	1,5	2	3	4	6

Antiproportionalität liegt ...   ☐ vor   ☐ nicht vor

b)

x	0,48	1	1,2	2	2,4	5
y	5	2,4	2	1,2	1	0,48

Antiproportionalität liegt ...   ☐ vor   ☐ nicht vor

c)

x	3	4	4,8	5	6	4
y	4	3	5	4,8	4	6

Antiproportionalität liegt ...   ☐ vor   ☐ nicht vor

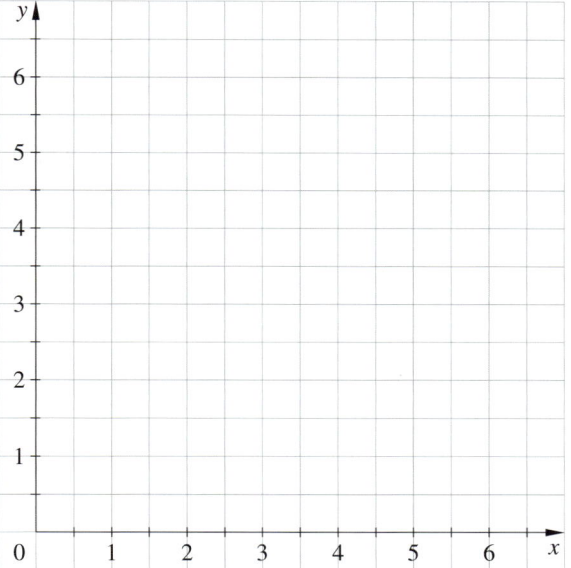

Anwenden und Vernetzen

5 1 000 Schulbücher werden verpackt.
In jedes Paket legt man gleich viele Bücher.

a) Ergänze die Tabelle.

Anzahl der Pakete	2	4	5	8	10				
Anzahl der Bücher in einem Paket						40	25	20	10

b) Schätze, welche Pakete aus Teilaufgabe **a** du tragen kannst.

_____

4 Entscheide, ob die folgenden Zuordnungen proportional (p) oder antiproportional (a) oder nichts von beidem sind.
Begründe deine Entscheidungen.

a) Größe eines Feldes → Ernteertrag   ☐ p   ☐ a

_____

b) Geschwindigkeit → benötigte Fahrzeit   ☐ p   ☐ a

_____

c) Körpergröße eines Menschen → Masse eines Menschen   ☐ p   ☐ a

_____

d) Größe der Konservenbüchsen → benötigte Anzahl der Konservenbüchsen   ☐ p   ☐ a

_____

Dreisatz

▶ Grundwissen

- Bei proportionalen und antiproportionalen Zuordnungen können Werte mithilfe des Dreisatzes ermittelt werden.

- Schritte beim Dreisatz:

  ① Schreibe das gegebene Wertepaar auf.
  ② Berechne den Wert für eine Einheit.
  ③ Berechne den gesuchten Wert.

Beispiele:

Proportionale Zuordnung

Anzahl der Brötchen	Preis in Euro
12	4,80
1	
7	

:12 ↓ ·7 ↓ :12 ↓ ·7 ↓

Antiproportionale Zuordnung

Anzahl der Maschinen	Arbeitsdauer in h
7	20
5	

:7 ↓ ·5 ↓ ·7 ↓ :5 ↓

▶ **Auftrag:** Ergänze die Tabellen mithilfe des Dreisatzes.

Trainieren

1 Ergänze die Tabellen zu proportionalen Zuordnungen.
Hinweis: Zeichne wie im Grundwissen Pfeile ein.

a)
Anzahl der Brötchen	Preis in Euro
7	3,5
1	

b)
Anzahl der Brötchen	Preis in Euro
1	0,45
10	

c)
Anzahl der Brötchen	Preis in Euro
11	3,30
1	

d)
Menge in l	Preis in €
3	3,63
1	
8	

e)
Zeit in h	Gebühr in €
3	1,50
7	

f)
Anzahl der Teile	Masse in kg
8	9,6
6	

2 Ergänze die Tabellen zu antiproportionalen Zuordnungen.
Hinweis: Zeichne wie im Grundwissen Pfeile ein.

a)
Anzahl der Maschinen	Arbeitsdauer in h
10	5
1	

b)
Anzahl der Maschinen	Arbeitsdauer in h
1	12
3	

c)
Anzahl der Maschinen	Arbeitsdauer in h
7	5
1	

d)
Anzahl der Lkw	Arbeitsdauer in h
5	4
2	

e)
Anzahl der Drucker	Arbeitsdauer in h
2	4
5	

f)
Anzahl der Maurer	Arbeitsdauer in h
15	6
9	

3 Entscheide zuerst, ob es eine proportionale oder antiproportionale Zuordnung ist.
Löse die Aufgaben danach mithilfe des Dreisatzes.

Anzahl der Katzen	Futtervorrat in Tagen

a) Der Futtervorrat reicht für 2 Katzen 15 Tage.
Nach wie vielen Tagen ist er aufgebraucht, wenn eine dritte Katze mitgefüttert wird?

_____

b) 7 Schälchen des Katzenfutters kosten 3,43 €.
Wie viel kosten 10 Schälchen?

_____

Anzahl der Schälchen	Preis in €

Anwenden und Vernetzen

4 Wende den Dreisatz an.

a) Sara, Lena, Emilie, Lara und Johanna wollen mit einem 5-Personen-Ticket für 14,50 € fahren.
Sara soll den Betrag für Lena und Emilie auslegen und für sich selbst bezahlen. Johanna übernimmt den Rest.
Wie viel zahlt Sara und wie viel Johanna?

_____

b) Schüler wollen für eine Theateraufführung 4 Reihen mit je 24 Stühlen aufstellen. Es sollen aber entweder 6, 8 oder 12 Reihen aufgestellt werden.
Wie viele Stühle sollten sie in jede Reihe stellen?

_____

c) Aus 20 l Milch lässt sich rund 1 kg Butter herstellen.
Wie viel Liter Milch werden für ein Stück Butter (250 g) benötigt?

_____

5 Mit einem Zug wird bei einer Durchschnittsgeschwindigkeit von 100 km pro Stunde ein Ziel nach 24 h erreicht.

a) Wie lange würde es dauern, bis ein Flugzeug mit einer Durchschnittsgeschwindigkeit von 900 km pro Stunde einen gleich langen Weg zurückgelegt hat?

_____

b) Lukas sagt: „Das Flugziel liegt vermutlich nicht in Deutschland."
Hat er recht? Begründe deine Meinung.

_____

c) Ein Flugzeug überfliegt mit 900 km pro Stunde die Zugspitze.
Wie weit ist das Flugzeug nach 20 Minuten davon entfernt?

_____

Konstruktion von Dreiecken — WSW und SWS

▶ **Grundwissen**

- Wenn zwei Dreiecke in einer Seite und beiden anliegenden Winkeln übereinstimmen, dann sind sie zueinander kongruent (WSW). Die entsprechende Konstruktion ist eindeutig ausführbar.

  Beispiel (WSW): Dreieck ABC mit $c = 3$ cm; $\alpha = 20°$ und $\beta = 50°$

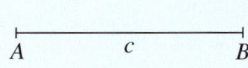 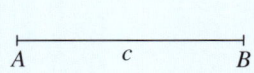 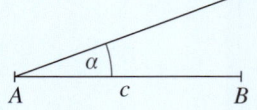 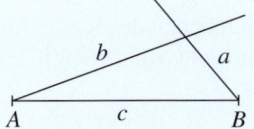

| 1. Zeichne $c = 3$ cm mit den Enden A und B. | 2. Zeichne in A an c den Winkel $\alpha = 20°$ an. | 3. Zeichne in B an c den Winkel $\beta = 50°$ an. | 4. Benenne den Schnittpunkt der Schenkel mit C. |

- Wenn zwei Dreiecke in zwei Seiten und dem eingeschlossenen Winkel übereinstimmen, dann sind sie zueinander kongruent (SWS). Die entsprechende Konstruktion ist eindeutig ausführbar.

  Beispiel (SWS): Dreieck ABC mit $b = 2,5$ cm; $c = 3$ cm und $\alpha = 30°$

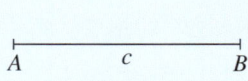 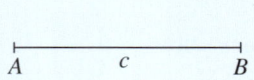 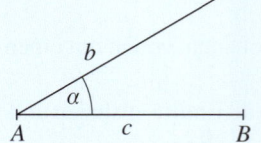 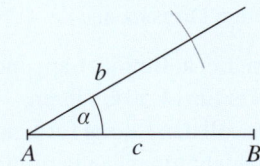

| 1. Zeichne $c = 3$ cm mit den Enden A und B. | 2. Zeichne in A an c den Winkel $\alpha = 30°$ an. | 3. Trage an dem freien Schenkel $b = 2,5$ cm ab. | 4. Benenne C und verbinde C mit A. |

▶ **Auftrag:** Ergänze jeweils den fehlenden Schritt in der Zeichnung.

Trainieren

1 Konstruktion von Dreiecken nach WSW

① $c = 5,5$ cm; $\alpha = 90°$ und $\beta = 45°$ ② $a = 6,2$ cm; $\beta = 55°$ und $\gamma = 61°$

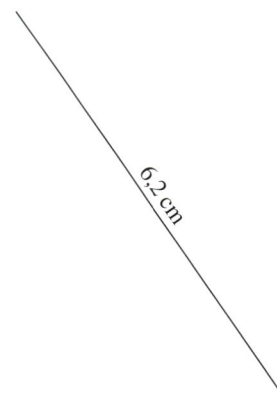

6,2 cm

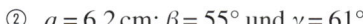

5,5 cm

a) Ergänze jeweils zu einem Dreieck ABC mit den gegebenen Größen.
   Hinweis: Fertige jeweils zuerst eine Planfigur an.

b) Gib jeweils in der Zeichnung alle drei Seitenlängen und Winkelgrößen an.

c) Mit welchen drei Angaben ist die Konstruktion von Dreieck ② nach WSW eindeutig ausführbar?
   Gib beide weiteren Möglichkeiten an.

2 Konstruktion von Dreiecken nach SWS

① $b = 5\,\text{cm}$; $c = 6\,\text{cm}$ und $\alpha = 90°$

② $a = 6{,}5\,\text{cm}$; $b = 4{,}6\,\text{cm}$ und $\gamma = 58°$

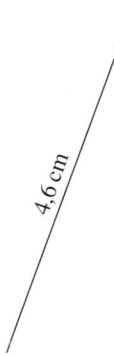

4,6 cm

6 cm

a) Ergänze jeweils zu einem Dreieck *ABC* mit den gegebenen Größen.
Hinweis: Fertige jeweils zuerst eine Planfigur an.

b) Gib jeweils in der Zeichnung alle drei Seitenlängen und Winkelgrößen an.

c) Mit welchen drei Angaben ist die Konstruktion von Dreieck ② nach SWS eindeutig ausführbar?
Gib beide weiteren Möglichkeiten an.

Anwenden und Vernetzen

3 Betrachte die Skizzen und ermittle mithilfe von Zeichnungen die Breite der Gewässer.
Wähle dazu unterschiedliche Maßstäbe.

①

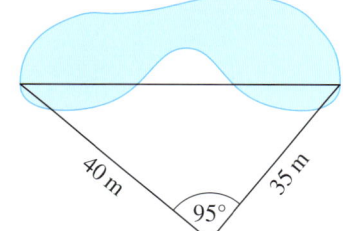

40 m   95°   35 m

②

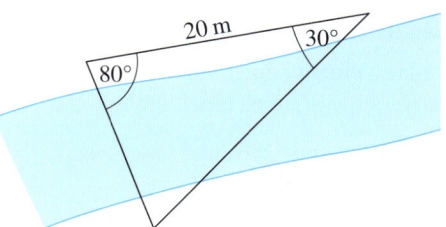

20 m   30°   80°

Maßstab: _____

Maßstab: _____

Konstruktion von Dreiecken – SSS und SsW

▶ **Grundwissen**

- Wenn zwei Dreiecke in drei Seiten übereinstimmen, dann sind sie zueinander kongruent (SSS).
  Die entsprechende Konstruktion ist eindeutig ausführbar.

  Beispiel (SSS): Dreieck ABC mit $a = 2$ cm; $b = 2{,}5$ cm und $c = 3$ cm

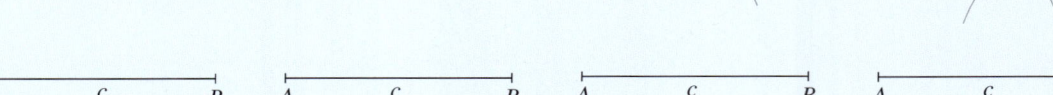

| 1. Zeichne $c = 3$ cm mit den Enden A und B. | 2. Zeichne um A einen Kreisbogen ($b = 2{,}5$ cm). | 3. Zeichne um B einen Kreisbogen ($a = 2$ cm). | 4. Benenne den Schnittpunkt der Bögen mit C. Verbinde. |

- Wenn zwei Dreiecke in zwei Seiten und dem der größeren Seite gegenüberliegenden Winkel übereinstimmen, dann sind sie zueinander kongruent (SsW). Die entsprechende Konstruktion ist eindeutig ausführbar.

  Beispiel (SsW): Dreieck ABC mit $a = 2$ cm; $c = 4$ cm und $\gamma = 110°$

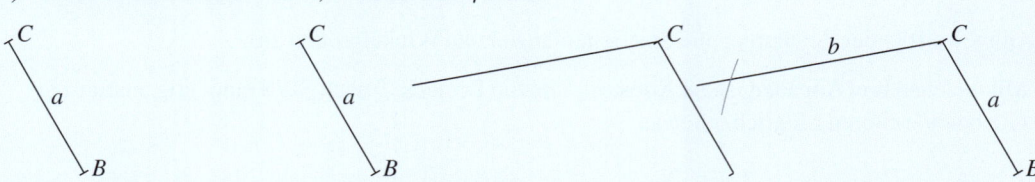

| 1. Zeichne $a = 2$ cm mit den Enden B und C. | 2. Zeichne in C an a den Winkel $\gamma = 110°$ an. | 3. Zeichne um B einen Kreisbogen ($c = 4$ cm). | 4. Benenne den Schnittpunkt mit A. Verbinde. |

▶ **Auftrag:** Ergänze jeweils den fehlenden Schritt in der Zeichnung.

Trainieren

1 Ergänze jeweils zu einem Dreieck ABC mit den gegebenen Größen (SSS).
Hinweis: Fertige jeweils zuerst eine Planfigur an.

a) $a = 7$ cm; $b = 5$ cm und $c = 6$ cm

b) $a = 4{,}5$ cm; $b = 5$ cm und $c = 6{,}7$ cm

2 Zeichne an jede Seite des gelben Dreiecks ein gleichseitiges Dreieck mit der gleichen Seitenlänge.
Zusatzaufgabe: Stell dir vor, dass an jede Seite des entstandenen Dreiecks ein gleichseitiges Dreieck mit der gleichen Seitenlänge gezeichnet wird. Wie oft passt das gelbe Dreieck in das neu entstandene Dreieck?

3 Ergänze jeweils zu einem Dreieck *ABC* mit den gegebenen Größen (SsW).
Hinweis: Fertige jeweils zuerst eine Planfigur an.

a) $a = 6\,cm$; $c = 7\,cm$ und $\gamma = 90°$

b) $a = 7,8\,cm$; $b = 3\,cm$ und $\alpha = 130°$

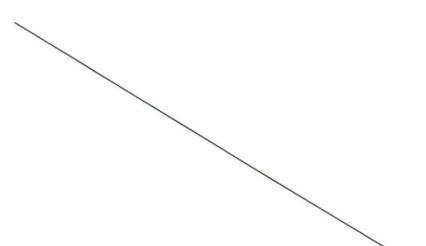

4 Ergänze zuerst zu unterschiedlichen Dreiecken *ABC* mit $a = 6,5\,cm$; $c = 7\,cm$ und $\alpha = 60°$.
Gib danach jeweils Größen so an, dass die Konstruktion von Dreieck *ABC* nach SsW eindeutig ausführbar ist.
Hinweis: Fertige jeweils zuerst eine Planfigur an.

① ②

Anwenden und Vernetzen

5 Der Mammutbaum „General Sherman Tree" im Giant Forest des
Sequoia-Nationalparks im US-Bundesstaat Kalifornien ist einer der
höchsten lebenden Bäume der Erde, vermutlich sogar der größte.
Steht man 100 m vom Baum entfernt, sieht man aus 2 m Höhe seine
Spitze aus einem Winkel von 48°.

a) Veranschauliche mithilfe
einer Skizze, wie mit den
Angaben die Höhe des Baumes
näherungsweise ermittelt
werden kann.

b) Ermittle auf einem zusätzlichen Blatt mithilfe einer maßstäblichen
Zeichnung die Höhe des Mammutbaums.

c) Zusatzaufgabe: Ermittle, wie viel Mal höher der „General Sherman
Tree" als ein Unterrichtsraum und der höchste Baum oder das
höchste Haus in deiner Umgebung ist.

Kongruenz zweier Dreiecke

▶ Grundwissen

- Die Form und die Größe eines Dreiecks sind durch seine

  _____ und

  _____ bestimmt.

- Dreiecke, die in drei Winkelgrößen und drei Seitenlängen

  übereinstimmen, sind _____

  Oft reichen dafür weniger Angaben
  (beispielsweise nach SWS, WSW, SSS oder SsW).

Beispiel:

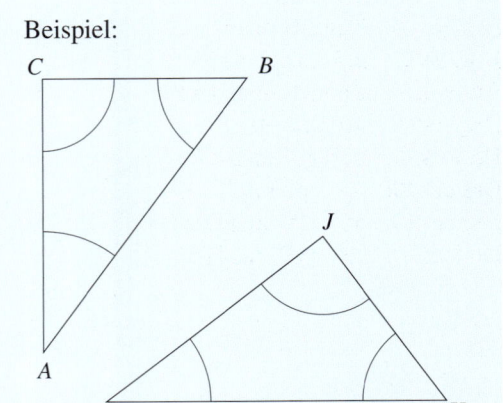

▶ **Auftrag:** Ergänze die Sätze. Gib die Seitenlängen und die Winkelgrößen der Dreiecke an.

Trainieren

1 Färbe zueinander kongruente Dreiecke mit der gleichen Farbe ein. Gib deren Seitenlängen bzw. Winkelgrößen an.

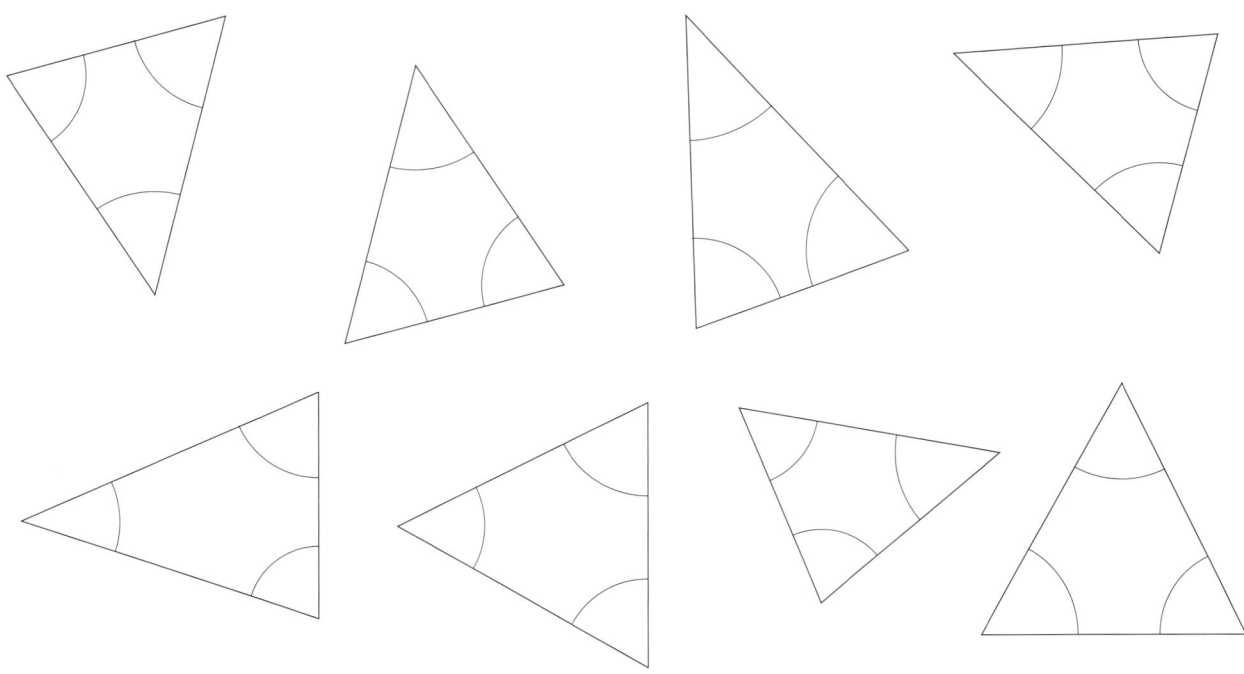

2 Ergänze zu zueinander kongruenten Dreiecken.

a)

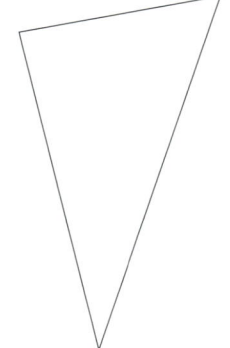
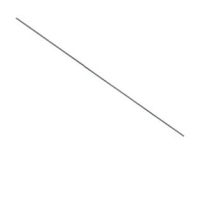

b)

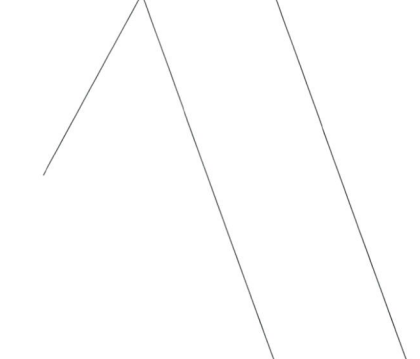

3 Zeichne jeweils, wenn möglich, zwei nicht zueinander kongruente Dreiecke mit den gegebenen Seitenlängen bzw. Winkelgrößen. Kreuze an, wie viele nicht kongruente Dreiecke jeweils konstruiert werden können.
Hinweis: Nutze zum Probieren ein zusätzliches Blatt.

Dreieck ①: 3 cm, 4 cm und 5 cm	☐ kein Dreieck	☐ nur ein Dreieck	☐ mehrere Dreiecke
Dreieck ②: 2,5 cm und 4 cm	☐ kein Dreieck	☐ nur ein Dreieck	☐ mehrere Dreiecke
Dreieck ③: 2 cm, 3 cm und 6 cm	☐ kein Dreieck	☐ nur ein Dreieck	☐ mehrere Dreiecke
Dreieck ④: 40° und 90°	☐ kein Dreieck	☐ nur ein Dreieck	☐ mehrere Dreiecke
Dreieck ⑤: 30°, 80° und 70°	☐ kein Dreieck	☐ nur ein Dreieck	☐ mehrere Dreiecke
Dreieck ⑥: 45°, 60° und 4 cm	☐ kein Dreieck	☐ nur ein Dreieck	☐ mehrere Dreiecke
Dreieck ⑦: 55°, 3,5 cm und 2 cm	☐ kein Dreieck	☐ nur ein Dreieck	☐ mehrere Dreiecke
Dreieck ⑧: 73°, 86° und 41°	☐ kein Dreieck	☐ nur ein Dreieck	☐ mehrere Dreiecke

Anwenden und Vernetzen

4 Stell dir vor, auf einem Tisch liegt jeweils ein 1 cm, ein 3 cm, ein 5 cm und ein 7 cm langes Stäbchen. Daraus sollen Dreiecke gelegt werden.

a) Schreibe die Seitenlängen aller Dreiecke, die gelegt werden können, auf.
Hinweis: Lege die Dreiecke z. B. mit Papierstreifen oder Holzstäbchen.

_____

_____

b) Es gibt Stäbchen, aus denen niemand ein Dreieck legen kann.
Schreibe drei Beispiele auf und erkläre, warum es nicht geht.

_____

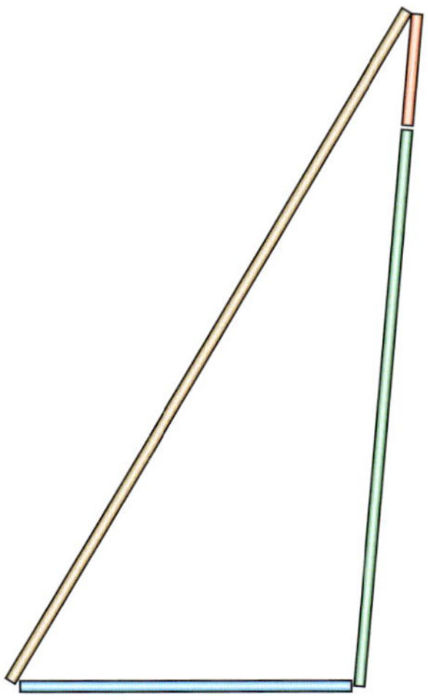

Prozentsatz

► **Grundwissen**

Der Prozentsatz gibt den Anteil vom Ganzen an.

Beispiel: 12 von 20 Punkten sind _____ %.

Berechnung des Prozentsatzes mit Hundertstel:

$$\frac{12}{20} = \frac{60}{100} = \text{_____}$$

Berechnung des Prozentsatzes mit Dreisatz:

Punkte	Anteil
20	100%
1	
12	

► **Auftrag:** Ergänze im Beispiel jeweils das Ergebnis.

Trainieren

1 Gib die Prozentsätze an.

a) 3 cm von 100 cm sind _____

b) 15 m von 100 m sind _____

c) 3 kg von 15 kg sind _____

d) 20 l von 25 l sind _____

e) 5 € von 40 € sind _____

f) 15 min von 1 h sind _____

Ergebnisse zum Abstreichen:

3%	12,5%
15%	20%
25%	80%

2 Färbe jeweils den angegebenen Prozentsatz der Fläche ein.

 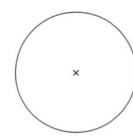 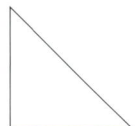 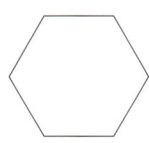 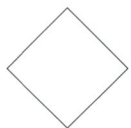 

75%   25%   50% $16\frac{2}{3}$%   125%   70%

3 Wie viel Prozent der Fläche sind jeweils eingefärbt?

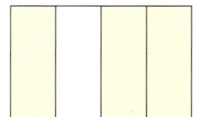 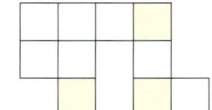  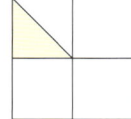 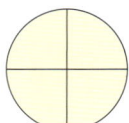 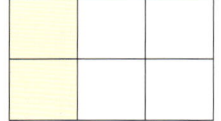

_____   _____   _____

4 Dargestellt ist die Stromerzeugung in Deutschland im Jahr 2012. Ergänze die gegebenen Prozentsätze an den entsprechenden Stellen.

0,8%	3,3%	4,6%
6%	6%	7,3%
11,3%	16%	19,1%
22%	25,6%	

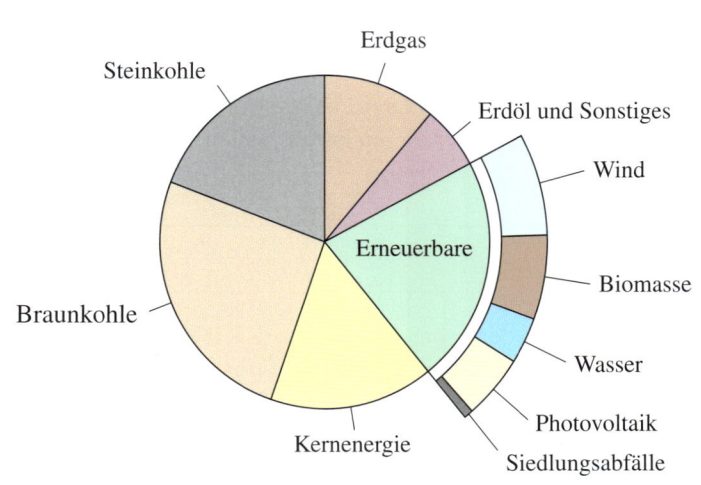

5 Ermittle die Prozentsätze mithilfe des Dreisatzes.
Zusatzaufgabe: Überprüfe deine Ergebnisse mithilfe von Hundertsteln.

a) Wie viel Prozent sind

350 g von 1 000 g? _____

Masse in g	Anteil
1 000	100 %
1	
350	

b) Wie viel Prozent sind

2,60 m von 5 m? _____

Länge in m	Anteil

c) Wie viel Prozent sind

10,5 h von 25 h? _____

Zeit in h	Anteil

d) Wie viel Prozent sind

60 € von 2 000 €? _____

e) 3 von 2 500 Tüten haben Fehler.

Wie viel Prozent sind das? _____

f) Wie viel Prozent einer

Woche ist Wochenende? _____

Anwenden und Vernetzen

6 Marie hat in ihrem 132-seitigen Buch schon 44 Seiten gelesen.
Leon hat 50 Seiten seines 156-seitigen Buches gelesen.
Marie sagt: „Leon hat mehr gelesen."
Leon sagt: „Marie hat mehr gelesen."
Was meinst du dazu? Begründe deine Antwort.

_____

_____

_____

7 Der Benzinpreis ist in Deutschland in den letzten Jahrzehnten stark gestiegen. Während Benzin 1950 für 0,60 DM pro Liter zu erwerben war, kostete es im Sommer 2013 etwa 1,50 € (1 € = 1,95583 DM).

a) Überschlage, ist der Preis um mehr oder weniger als 300 % gestiegen?   ☐ weniger   ☐ mehr

b) Um wie viel Prozent ist der Benzinpreis im angegebenen Zeitraum etwa gestiegen?

c) Um wie viel Prozent ist der Benzinpreis durchschnittlich pro Jahr gestiegen?
Zusatzaufgabe: Ermittle den Prozentsatz mithilfe einer Tabellenkalkulation.

☐ rund 3 %   ☐ rund 6 %   ☐ rund 9 %   ☐ rund 12 %

Prozentwert

▶ **Grundwissen**

Der Prozentwert gibt die Größe des Anteils vom Ganzen an.

Beispiel: 20 % von 30 Schülern sind _____ Schüler.

Berechnung des Prozentwerts mit Hundertstel: $\frac{20}{100} \cdot 30 =$ _____

Berechnung des Prozentwerts mit Dreisatz:

Anteil	Schüler
100 %	30
1 %	
20 %	

▶ **Auftrag:** Ergänze im Beispiel jeweils das Ergebnis.

Trainieren

1 Markiere jeweils.

a) 10 %

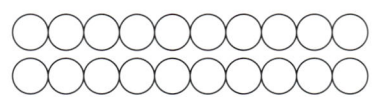

b) 20 %

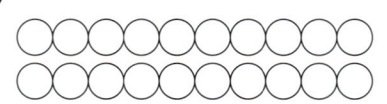

c) 75 %

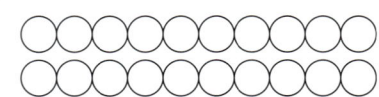

d) 20 %

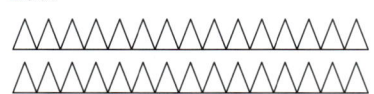

e) 20 %

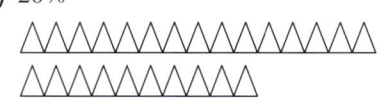

f) 75 %

2 Gib die Prozentwerte an.
Hinweis: Rechne, wenn nötig, auf einem zusätzlichen Blatt Papier.

a) 10 % von 100 cm sind _____

b) 25 % von 100 m sind _____

c) 20 % von 40 Autos sind _____

d) 5 % von 30 Punkten sind _____

e) 11 % von 50 kg sind _____

f) 7 % von 80 l sind _____

g) 0,5 % von 400 € sind _____

h) 150 % von 1 h sind _____

> Ergebnisse zum Abstreichen:
>
> 1,5   1,5   2
>
> 5,5   5,6   8
>
> 10   90   25

3 Ergänze die Prozentsätze.
Hinweis: Rechne, wenn nötig, auf einem zusätzlichen Blatt Papier.

a) Der Grundwert ist stets 200 g.

Prozentsatz	1 %	10 %	20 %	50 %	5 %	25 %	75 %
Prozentwert							

b) Die Grundwerte sind unterschiedlich.
Zusatzaufgabe: Gib das Ergebnis in einer weiteren Einheit an.

Grundwert	5000 g	750 ml	3,5 l	5 h	80 €	24 m	8 Monate
Prozentsatz	1 %	10 %	20 %	50 %	5 %	25 %	75 %
Prozentwert							

4 Ermittle die Prozentsätze mithilfe des Dreisatzes.
Zusatzaufgabe: Überprüfe deine Ergebnisse mithilfe von Hundertsteln.

a) 90 % von 600 Plätzen sind belegt. Das sind _____

Anteil	Plätze
100 %	600
1 %	
90 %	

b) Eine 200-g-Tafel Schokolade enthält 45 % Kakao. Das sind _____

Anteil	Masse

c) 7 % von 80 € beträgt der Treuerabatt. Das sind _____

Anteil	Rabatt

d) Ab 95 % gibt es eine Eins. Bei 40 Punkten sind dies _____

e) 2,5 % von 4 400 Sticks haben Fehler. Das sind _____

f) In 500 g Fruchtgummi sind 19 % Fruchtsaftkonzentrat. Das sind __

Anwenden und Vernetzen

5 Was meinst du zu den Überlegungen des Radiokäufers?

Ich gebe Ihnen 4 % Rabatt auf das Fernsehgerät.

Oh, da sparen wir ja 20 €,

80 €

Na, wenn ich ebenfalls 4 % Rabatt bekomme, zahle ich ja nur 60 € für das Radio.

6 Jason und Magnus sind auf der Suche nach neuen Handys. Sie wollen sich dasselbe Modell mit verschiedenen Oberschalen preisgünstig kaufen.
Jason prahlt: „Mein Händler reduziert für uns den Handypreis um knapp 30 %. Erst sollte eins 169 € kosten."
Magnus sagt: „Mein Angebot ist günstiger. Es wurde um 35 % reduziert. Das Handy kostete vorher 185 €."
Was meinst du dazu?

Grundwert

▶ Grundwissen

Der Grundwert gibt das Ganze (100 %) an.

Beispiel: 30 % sind 12 Tische. 100 % sind _____ Tische.

Berechnung des Grundwerts mit Dreisatz:

Anteil	Tische
30 %	12
1 %	
100 %	

▶ **Auftrag:** Ergänze im Beispiel jeweils das Ergebnis.

Trainieren

1 Gib jeweils den 100 % langen Streifen und die Längen an.

a) 50 % sind _____ cm. 100 % sind _____ cm. | 50 % |

b) 20 % sind _____ cm. 100 % sind _____ cm. | 20 % |

c) 75 % sind _____ cm. 100 % sind _____ cm. | 75 % |

d) 200 % sind _____ cm. 100 % sind _____ cm. | 200 % |

e) 150 % sind _____ cm. 100 % sind _____ cm. | 150 % |

2 Gib die Grundwerte an.

a) 10 % sind 7 m. 100 % sind _____ m.

b) 50 % sind 0,25 l. 100 % sind _____ l.

c) 25 % sind 25 g. 100 % sind _____ g.

d) 20 % sind 19 mm. 100 % sind _____ mm.

e) 75 % sind 39 min. 100 % sind _____ min.

f) 7 % sind 8,4 dm. 100 % sind _____ dm.

g) 0,5 % sind 1 s. 100 % sind _____ s.

h) 0,4 % sind 2 €. 100 % sind _____ €.

i) 200 % sind 3 h. 100 % sind _____ h.

j) 120 % sind 24 km. 100 % sind _____ km.

Ergebnisse zum Abstreichen:

0,5	1,5
20	52
70	95
100	120
200	500

3 Ergänze die Grundwerte.

a) Der Prozentwert ist stets 20 m.

Prozentsatz	1 %	10 %	20 %	50 %	5 %	25 %	75 %
Grundwert							

b) Die Prozentwerte sind unterschiedlich.
Zusatzaufgabe: Gib jeweils das Ergebnis in einer weiteren Einheit an.

Prozentsatz	1 %	10 %	20 %	50 %	5 %	25 %	75 %
Prozentwert	5 ct	0,3 m	4 min	5,75 m	0,06 l	0,8 kg	0,3 l
Grundwert							

4 Ermittle die Grundwerte mithilfe des Dreisatzes.

a) 8 % (24 Schüler) sind krank.

Insgesamt sind es _____ Schüler.

Anteil	Schüler
8 %	24
1 %	
100 %	

b) 15 % (60 Flaschen) sind leer.

Insgesamt sind es ____ Flaschen.

Anteil	Flaschen

c) 7,7 Liter Wasser (11 %) verdunsteten.

Davor waren es _____ Wasser.

Anteil	Liter Wasser

d) 300 Nägel (7,5 %) waren krumm.

Insgesamt waren es _____ Nägel.

e) 0,12 % (2,4 m) der Straße ist neu.

Die Straße ist _____ lang.

f) Sie war 0,28 s (0,4 %) langsamer.

Sie benötigte ____ bis zum Ziel.

Anwenden und Vernetzen

5 Seit der Eröffnung des Anbaus reichen die Fahrradständer nicht mehr aus. Deshalb wurden alle Schüler gefragt, wie sie an mindestens drei der fünf Tage einer Schulwoche im letzten Jahr zur Schule kamen.

	Bahn	Bus	nur zu Fuß	Fahrrad	unterschiedlich
Anzahl der Schüler im Winter	320	224	96	128	
Anteil der Schüler im Winter		35 %	15 %		15 %
Anzahl der Schüler im Sommer	288	160	96	160	
Anteil der Schüler im Sommer	45 %		15 %		10 %

a) Banu fragt: „Wie kommt es, dass im Winter 864 Schüler zur Schule gingen und im Sommer 768.“
Überprüfe die Werte und beantworte die Frage.

b) Kreuze an, wie viele Fahrrädständer vorhanden sein sollten, damit sie ausreichen und es nicht zu viele sind.

☐ 120   ☐ 160   ☐ 200   ☐ 240   ☐ 280   ☐ 320   ☐ 360

Vermehrter und verminderter Grundwert

▶ Grundwissen

Wird ein Grundwert um einen Prozentsatz erhöht bzw. gesenkt, so spricht man vom vermehrten und verminderten Grundwert.

Beispiele:

Vermehrter Grundwert (100 % + p %)
Steigung um … % bzw. Steigung auf … %

Ein Brot kostet nach der Aktionswoche 1,92 €.
Der alte Preis wurde um 20 % erhöht.
Wie viel kostete es zuvor?

$100\% + 20\% = $ _____

Anteil	Preis in €
	1,92
1 %	
	1,60

Es kostete in der Aktionswoche _____

Verminderter Grundwert (100 % – p %)
Senkung um … % bzw. Senkung auf … %

Eine Hose kostet nach der Reduzierung 59,25 €.
Es sind 25 % weniger.
Wie viel kostete sie zuvor?

$100\% - 25\% = $ _____

Anteil	Preis in €
	59,25
1 %	
	79,00

Die Hose kostete zuvor _____

▶ **Auftrag:** Ergänze die Beispiele.

Trainieren

1 Die Länge des schwarzen Rahmens stellt den alten Wert dar. Vervollständige die Angaben bzw. die Abbildungen.

a) Die Länge ging zurück auf _____

b) Die Länge stieg auf 108 %.

c) Die Länge nahm um 42,5 % ab.

d) Die Länge nahm um _____

2 Ordne die fehlenden Werte zu. Nutze zum Rechnen, wenn nötig, ein zusätzliches Blatt.

57 %   103 %   218 %   34,00 €   12,00 €   434,25 €   702,00 €

alter Preis	119,90 €	69,00 €		5,50 €	650,00 €	450,00 €
Prozentsatz des neuen Preises			53 %		108 %	96,5 %
neuer Preis	123,50 €	39,00 €	18,00 €			

3 Erkläre anhand der Zeichnungen die Bedeutung der Ausdrücke „Anstieg um 110 %" und „Anstieg auf 110 %".

| 30 mm | 33 mm | | 30 mm | 3 mm |

_____

_____

4 Berechne mithilfe des Dreisatzes.

a) Ein Händler gibt 19% Rabatt.
Statt 595 € kostet
die Couch somit _____

Anteil	Preis in €
119%	595,00
1%	
100%	

b) Ohne 19% Mehrwertsteuer kostet
der Tisch 200 €.
Mit Steuer sind es _____

Anteil	Preis in €
100%	200,00

c) Der Bestand nahm um 40% ab.
Es sind 300 Fische.
Zuvor waren es _____ .

Anteil	Fische
60%	

d) Der Bestand nahm um 20% zu.
Es waren zuvor 80 Tiere.
Jetzt sind es _____

e) 132 t Gurken wurden geerntet.
Das sind 10% mehr als im
letzten Jahr. Da waren es _____

f) Es wurden 27 kg Äpfel verkauft.
Das sind 90%.
Insgesamt waren es _____

Anwenden und Vernetzen

5 Löse die folgenden Aufgaben.

a) Die Miete stieg von 562,00 € auf 634,00 €. Um wie viel Prozent wurde die Miete heraufgesetzt?

_____

_____

b) Ein Handy kostete 195,00 €. Gestern wurde der Preis um 25,2% gesenkt. Wie viel kostet es jetzt?

_____

_____

c) Möbelhändler Holz überlegt, was für ihn besser ist: Soll er dem Kunden erst einen Rabatt von 3% für die neue Couchgarnitur gewähren und dann den 4,5-prozentigen Aufschlag für den besonderen Bezugsstoff berechnen oder soll er erst den 4,5-prozentigen Aufschlag für den besonderen Bezugsstoff berechnen und danach 3% Rabatt geben? Die Standardvariante der Couchgarnitur kostet 2 000,00 €. Welches Verfahren empfiehlst du Herrn Holz? Begründe.

_____

_____

6 Spielt zu dritt mit einem Würfel und je einer Spielfigur (z. B. einer Münze). Das Startguthaben beträgt 1 000,00 €. Sieger ist, wer mit dem größten Betrag durch das Ziel geht.

Start ····· erhöhe auf 110% ····· senke auf 50% ab ····· nimm 100 € dazu ····· erhöhe um 30%

senke auf 20% ab ····· erhöhe um 10% ····· senke um 20% ab ····· senke auf 50% ab ····· senke auf 10% ab

erhöhe um 20% ····· senke um 100% ab ····· erhöhe auf 200% ····· senke um 20% ab ····· **Ziel**

Sachaufgaben zur Prozentrechnung

▶ **Grundwissen**

Schrittfolge beim Lösen von Sachaufgaben zur Prozentrechnung.
1. Schritt: Überlege, was der Grundwert, was der Prozentwert bzw. was der Prozentsatz ist.
2. Schritt: Entscheide dich für einen Lösungsweg und berechne dementsprechend das Ergebnis.
3. Schritt: Überprüfe, ob dein Ergebnis stimmen kann. Passt es zum Überschlag und zum Aufgabentext?
4. Schritt: Formuliere einen sinnvollen Antwortsatz.

▶ **Auftrag:** Unterstreiche je Schritt höchstens drei wichtige Wörter.

Trainieren

1 Unterstreiche jeweils den Grundwert, den Prozentwert und den Prozentsatz. Lege zuvor Farben fest.

☐ Grundwert ☐ Prozentwert ☐ Prozentsatz

a) Eine Gurke ist 550 g schwer und besteht zu ca. 90 % aus Wasser. Welche Masse Wasser enthält sie demzufolge?

b) Jeden Tag sind durchschnittlich 5 % der 29 Schülerinnen und Schüler einer siebten Klasse krank. Mit wie vielen Kranken ist demzufolge im Durchschnitt zu rechnen?

c) Von den 1 320 Schülerinnen und Schülern einer Schule gehören 165 der siebten Jahrgangsstufe an. Wie viel Prozent sind das?

d) Der Preis eines 59,99 € teuren Trikots wird um 25 Prozent reduziert. Wie viel kostet es nach der Reduzierung?

e) Zwölf Schülerinnen und Schüler planen eine Abschlussfeier. Das sind fünf Prozent aller Teilnehmer. Wie viele Personen nehmen an dieser Feier teil?

f) Bei einer Kontrolle der Polizei wurden insgesamt 750 Fahrräder überprüft. 435 der Räder wiesen kleine Mängel auf und 15 Räder wurden wegen schwerer Mängel aus dem Verkehr gezogen. Wie viel Prozent der Fahrräder wiesen insgesamt Mängel auf? Wie viel Prozent wurden aus dem Verkehr gezogen?

2 Bewerte jeweils die Antwortsätze zu den Teilaufgaben von Aufgabe 1.
Entscheide dazu, ob das Ergebnis der Rechnung richtig ist und ob die Antwort zum Aufgabentext passend ist.

zu a)
Rund 500 g der Gurke sind Wasser.
☐ richtig ☐ falsch ☐ passend ☐ nicht passend
Genau 495 g einer 550 g schweren Gurke sind Wasser.
☐ richtig ☐ falsch ☐ passend ☐ nicht passend

zu b)
Im Durchschnitt gibt es ein bis zwei Kranke.
☐ richtig ☐ falsch ☐ passend ☐ nicht passend
Es ist mit 1,45 Kranken zu rechnen.
☐ richtig ☐ falsch ☐ passend ☐ nicht passend

zu c)
$\frac{1}{8}$ der Schülerinnen und Schüler einer Schule gehören der siebten Jahrgangsstufe an.
☐ richtig ☐ falsch ☐ passend ☐ nicht passend
12,5 % der Schülerinnen und Schüler einer Schule gehören der siebten Jahrgangsstufe an.
☐ richtig ☐ falsch ☐ passend ☐ nicht passend

zu d)
Es kostet nach der Reduzierung 41,67 €.
☐ richtig ☐ falsch ☐ passend ☐ nicht passend
Es kostet nach der Reduzierung 44,9925 €.
☐ richtig ☐ falsch ☐ passend ☐ nicht passend

zu e)
240 Personen nehmen an dieser Feier teil.
☐ richtig ☐ falsch ☐ passend ☐ nicht passend
42 Gäste werden zur Feier erwartet.
☐ richtig ☐ falsch ☐ passend ☐ nicht passend

3 Formuliere zur dargestellten Situation zwei Aufgaben und löse diese.
Hinweis: Kontrolliert die Ergebnisse gegenseitig.

_____

_____

_____

_____

_____

_____

Anwenden und Vernetzen

4 Was halten Jugendliche von neuen Handys?
Handys sind heute viel mehr als nur ein mobiles Telefon. Sie verfügen über
einen Taschenrechner, eine Kamera, einen MP3-Player … Viele der
Jugendlichen zwischen 14 und 24 Jahren sind davon überzeugt, dass sie
auf ein eigenes Handy nicht verzichten können. Für 7 von 10 – das waren
959 Befragte – ist die tägliche Nutzung selbstverständlich.
256 sind der Meinung: Wer kein Handy hat, ist isoliert, weil man sie oder ihn
beispielsweise nicht immer erreichen kann und spontane Verabredungen
somit oft nicht möglich sind. Etwa jeder Dritte besaß in den letzten zwei
Jahren unterschiedliche Handys. Obwohl mehr als 75 % mehr Vor- als Nachteile in der Handynutzung sehen, befürchten ca. $\frac{2}{3}$ aller Befragten gesundheitliche Schäden beispielsweise durch falsche bzw. zu lange Nutzung.
Mehrere Antworten waren möglich.

a) Für wie viel Prozent der Befragten ist die tägliche Nutzung des Handys
selbstverständlich?

_____

b) Wie viele Personen wurden befragt?

_____

c) Wie viele sehen mehr Vorteile als Nachteile in der Handynutzung?

_____

d) Wie viele der Befragten besaßen in den letzten zwei Jahren unterschiedliche
Handys?

_____

e) Wie viel Prozent der Befragten befürchten gesundheitliche Schäden aufgrund
der Handynutzung?

_____

f) Wie viele Befragte befürchten keine Gesundheitsschäden?

_____

Rationale Zahlen addieren und subtrahieren

▶ **Grundwissen**

- Zwei rationale Zahlen mit gleichem Vorzeichen werden addiert,
  indem man die Beträge der Zahlen addiert.
  Das Ergebnis bekommt das gemeinsame Vorzeichen.

  Beispiele: $(+2) + (+6) =$ _____ $(-2) + (-6) =$ _____

- Zwei rationale Zahlen mit verschiedenen Vorzeichen werden addiert,
  indem man vom größeren Betrag den kleineren Betrag subtrahiert.
  Das Ergebnis bekommt das Vorzeichen des Summanden mit dem größeren Betrag.

  Beispiele: $(+2) + (-6) =$ _____ $(-2) + (+6) =$ _____

- Man subtrahiert eine rationale Zahl, indem ihre Gegenzahl addiert wird.

  Beispiele: $(+2) - (+6) = (+2)$ __ (__ 6) = _____ $(+2) - (-6) =$ _____

▶ **Auftrag:** Ergänze die Beispiele.

Trainieren

1 Ergänze die Additionsaufgaben und die Ergebnisse.

a)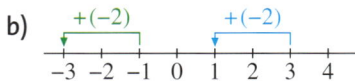

■ _____

■ $(+1) + (+2) =$ _____

b)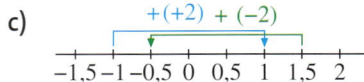

■ _____

■ $(+3) + (-2) =$ _____

c)

■ _____

■ _____

2 Addiere.

a) $(+12) + (+37) =$ _____

b) $(-12) + (-37) =$ _____

c) $(+12) + (-37) =$ _____

d) $(+38) + (+0,04) =$ _____

e) $(-50) + (-7,23) =$ _____

f) $(+6,6) + (+7,8) =$ _____

g) $(-6,1) + (-53,4) =$ _____

h) $(-9,7) + (-50) =$ _____

i) $(-33,3) + (+8,3) =$ _____

3 Ergänze die Subtraktionsaufgaben, die zugehörigen Additionsaufgaben und die Ergebnisse.

a)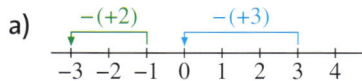

■ _____

■ $(+3) - (+3) =$ _____

b)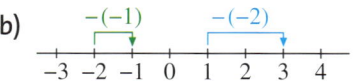

■ _____

■ $(+1) - (-2) =$ _____

c)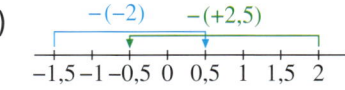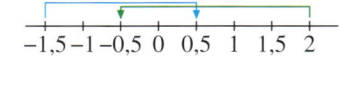

■ _____

■ _____

4 Subtrahiere.

a) $(+40) - (+12) =$ _____

b) $(+40) - (-12) =$ _____

c) $(-40) - (+12) =$ _____

d) $(+3,87) - (+40) =$ _____

e) $(+20) - (-8,03) =$ _____

f) $(-6,6) - (+1,2) =$ _____

g) $(+9,7) - (+5) =$ _____

h) $(-60,6) - (+7,7) =$ _____

i) $(-3) - (+8,7) =$ _____

5 Ergänze die fehlenden Zahlen in den Additionsmauern.

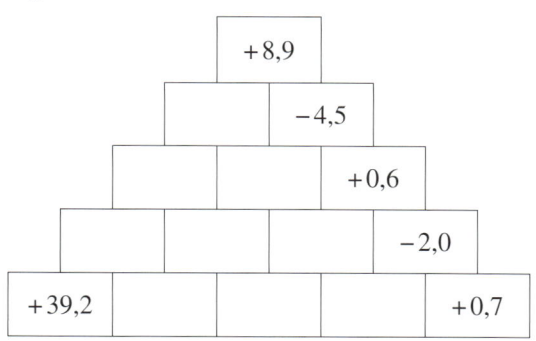
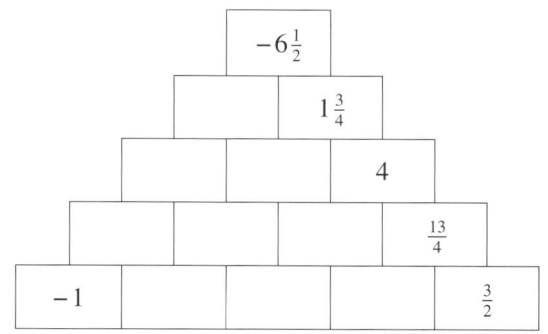

6 Setze passende Rechenzeichen ein.

a) $+27\ \square\ (38) = -11$

b) $-71\ \square\ (-28) = -99$

c) $+40\ \square\ (-80)\ \square\ (-20) = -60$

d) $-7,7\ \square\ (+1,7)\ \square\ (-3) = -3$

e) $-1\ \square\ (-0,8)\ \square\ (-0,09) = -1,89$

f) $-4,5\ \square\ (-4,5)\ \square\ (-3) = -3$

g) $+2,3\ \square\ (-5,3)\ \square\ (+1,3) = 6,3$

h) $+7,5\ \square\ (-8,5)\ \square\ (-2,5) = -3,5$

Rechenzeichen
zum Abstreichen:

+	+	+	−
+	+	−	−
+	+	−	
+	+	−	

Anwenden und Vernetzen

7 Ergänze jeweils die fehlenden Zahlen so, dass die Summe in allen Zeilen, Spalten und Diagonalen die angegebene Zahl ist.
Zusatzaufgabe: Bei **c** sollst du selbst eine Summe vorgeben, die größer als 1 und kleiner als 2 ist.
Hinweis: Rechne, wenn nötig, auf einem zusätzlichen Blatt.

a) Die Summe ist 0.

7,5	−5,5	−6,5	
			−0,5
	−2,5	−1,5	
−4,5	6,5		

b) Die Summe ist −3.

7,5	−5,5	−6,5	
			−0,5
		−2,5	−1,5
−4,5	6,5		

c) Die Summe ist _____ .

7,5	−5,5	−6,5	
			−0,5
		−2,5	−1,5
−4,5	6,5		

8 Auf einem Markt sollen vier Besucher die Masse
von einem großen Käse schätzen.
Es werden die Werte 24 kg, 28 kg, 32 kg und 36 kg genannt.
Alle Werte sind falsch.
Es wurde um 1 kg, 3 kg, 5 kg und 7 kg danebengetippt.
Kann man aus diesen Angaben die richtige Masse ermitteln?
Hinweis: Eine Veranschaulichung kann helfen.

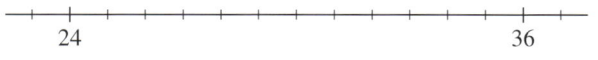

Rationale Zahlen multiplizieren und dividieren

▶ **Grundwissen**

① Multipliziere bzw. dividiere ohne Vorzeichen.

② Bestimme das Vorzeichen des Ergebnisses.   Beispiele:

Es ist positiv (+), wenn beide Zahlen gleiche Vorzeichen haben. $-8 \cdot (-2) =$ ____ $+18 : (+6) =$ ____

Es ist negativ (−), wenn beide Zahlen verschiedene Vorzeichen haben. $+5 \cdot (-2) =$ ____ $-24 : (+6) =$ ____

▶ **Auftrag:** Ergänze die Ergebnisse.

Trainieren

1 Multipliziere.

a) $7 \cdot (-6) =$ _____   b) $-8 \cdot (-8) =$ _____   c) $-5 \cdot (+3) =$ _____   d) $13 \cdot (+4) =$ _____

e) $-7 \cdot (+11) =$ _____   f) $12 \cdot (-4) =$ _____   g) $-0{,}8 \cdot (-8) =$ _____   h) $2 \cdot (+0{,}8) =$ _____

i) $0{,}2 \cdot (-0{,}5) =$ _____   j) $-0{,}9 \cdot (-3) =$ _____   k) $-0{,}5 \cdot 60 =$ _____   l) $0{,}04 \cdot (-10) =$ _____

2 Dividiere.

a) $60 : (+10) =$ _____   b) $-18 : (+3) =$ _____   c) $-16 : (+4) =$ _____   d) $55 : (+5) =$ _____

e) $-27 : 30 =$ _____   f) $-4{,}4 : 11 =$ _____   g) $-5{,}4 : 9 =$ _____   h) $0{,}149 : 14{,}9 =$ _____

i) $6 : 0{,}3 =$ _____   j) $-6{,}5 : 5 =$ _____   k) $-72 : 0{,}8 =$ _____   l) $-14{,}6 : 2 =$ _____

3 Ergänze die fehlenden Zahlen in den Multiplikationsmauern.
Hinweis: Löse Teilaufgabe **d** durch Probieren.

a)
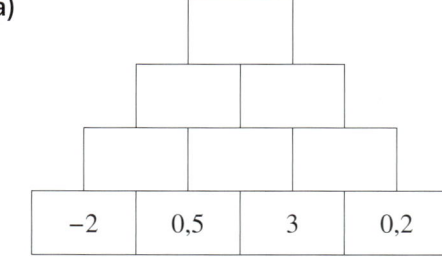

b)
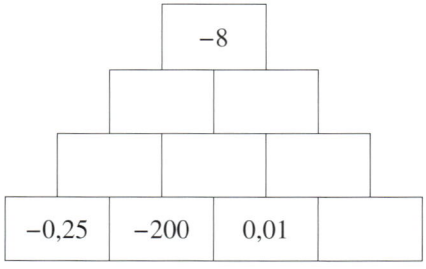

c)
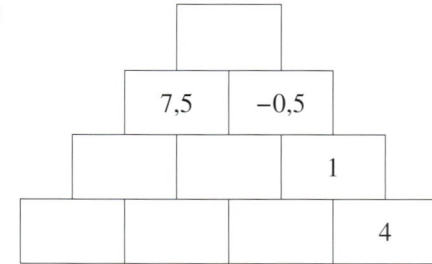

d)
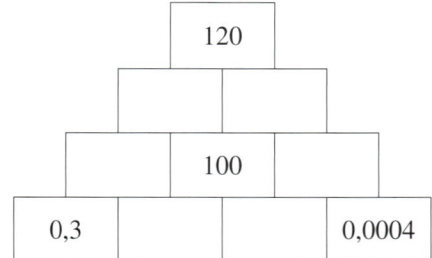

4 Entscheide, ob das Ergebnis kleiner oder größer als null ist.
Zusatzaufgabe: Ermittle die Ergebnisse auf einem zusätzlichen Blatt.

a) $-0{,}05 \cdot 1{,}4 \cdot 100 \cdot (-0{,}5) \cdot (-0{,}01) \cdot (-0{,}25) \cdot (-20) \cdot (-1) \cdot 2 \ \square \ 0$

b) $(2{,}5 \cdot (-0{,}4) \cdot 100 \cdot (-0{,}03) \cdot (-0{,}2) \cdot (-0{,}5)) : (1{,}2 \cdot (-5)) \ \square \ 0$

5 Schreibe jeweils die nächsten fünf Zahlen auf. Gib an, wie man die jeweils nächste Zahl berechnen kann.
Hinweis: Bei den Teilaufgaben **a** und **b** wird nur multipliziert bzw. dividiert.

a) 21; −42; 84; −168;

b) 256; −128; 64; −32; 16;

c) $\frac{1}{4}$; $1\frac{3}{4}$; $\frac{1}{4}$; $1\frac{3}{4}$; $\frac{1}{4}$;

Anwenden und Vernetzen

6 Fahrenheit wählte als Nullpunkt seiner Temperatur-Skala die tiefste Temperatur des strengen Winters 1708/1709 in seiner Heimatstadt Danzig. Er wollte dadurch negative Temperaturen vermeiden.
Als weiterer Fixpunkt legte er 1714 den Gefrierpunkt von Wasser bei 32 °F und die Körpertemperatur eines gesunden Menschen bei 96 °F fest.
In den USA werden noch heute Temperaturen in Grad Fahrenheit angegeben.

Hier in New York haben wir 80 Grad!

80 Grad! Das überlebt doch kein Mensch. Brian übertreibt mal wieder.

Umrechnen von Grad Fahrenheit in Grad Celsius:
1. Subtrahiere von der Temperatur in Fahrenheit die Zahl 32.
2. Multipliziere die Differenz mit $\frac{5}{9}$.

a) Ergänze die Tabelle.

	Fahrenheit-Skala	Celsius-Skala
höchste im Freien gemessene Lufttemperatur	136,04 °F	
tiefste im Freien gemessene Lufttemperatur	−130,90 °F	
Körpertemperatur des Menschen nach Fahrenheit	96 °F	
Schmelzpunkt von Eisen	2 795 °F	
Gefrierpunkt von Alkohol		−114,40 °C
mittlere Oberflächentemperatur der Sonne		5 505 °C
Siedepunkt von Wasser		100 °C
Gefrierpunkt von Wasser		0 °C

b) Schätze, wie warm es heute ist. Gib den Wert zuerst in Grad Celsius und danach in Grad Fahrenheit an.

Rechengesetze

▶ **Grundwissen**

| zuerst | nach rechts | $a \cdot b$ | $a + (b + c)$ | $a \cdot (b \cdot c)$ | $a \cdot (b - c)$ |

| Punktrechnung | $b + a$ | $a \cdot b - a \cdot c$ | $a \cdot b + a \cdot c$ | Ausdrücke in Klammern | $(a + b) + c$ |

| $(a \cdot b) \cdot c$ | $a \cdot (b + c)$ | von links | $b \cdot a$ | $a + b$ | vor Strichrechnung |

- Kommutativgesetze der Addition und Multiplikation: _____

- Assoziativgesetze der Addition und Multiplikation: _____

- Distributivgesetze: _____

- _____

- _____

- _____

▶ **Auftrag:** Formuliere mithilfe der obigen Karten Regeln, die für alle rationalen Zahlen gelten.

Trainieren

1 Unterstreiche jeweils zuerst wie bei **a** das Rechenzeichen, dass du als Erstes berücksichtigst. Rechne danach im Kopf.

a) $-6 \cdot (4 - 9) =$ _____

b) $6 + (-4) + 9 =$ _____

c) $-6 + 4 \cdot (-9) =$ _____

d) $-23 - 87 : (-29) =$ _____

e) $23 + (87 - 29) =$ _____

f) $45 + 135 : (-3) =$ _____

g) $(-125 + 75) \cdot (-2) =$ _____

h) $-5 + 3 \cdot (-4 - 3) =$ _____

i) $(-8 + 5) \cdot 3 - (4 - 7) =$ _____

2 Entscheide ohne alle Ergebnisse zu ermitteln innerhalb einer Minute, welche Aufgaben dieselben Ergebnisse haben. Verbinde diese mit Linien.

$$0,32 + 4,57 + 47,8$$

$$2 \cdot (-7,8 + 4,57 - 0,32)$$

$$(47,8 + 4,57 - 0,32) : 2$$

$$2 : (-4,57 + 0,32 - 7,8)$$

$$47,8 + 0,32 + 4,57$$

$$(4,25 + 47,8) : 2$$

$$47,8 - (-0,32) + 4,57$$

$$(4,57 - 0,32 - 7,8) \cdot 2$$

3 Rechne vorteilhaft.

a) $4 \cdot 12 + 4 \cdot 13 =$ _____

b) $7 \cdot 3 + 13 \cdot 3 =$ _____

c) $34 \cdot 7 - 28 \cdot 7 =$ _____

d) $-45 \cdot 13 + 51 \cdot 13 =$ _____

e) $-63 : 9 - 27 : 9 =$ _____

f) $-121 : 11 + 55 : 11 =$ _____

g) $117 - 84 + 13 =$ _____

h) $-3 \cdot 12 + 3 \cdot 48 =$ _____

i) $(\frac{1}{4} \cdot (-\frac{4}{5}) + \frac{2}{5}) : \frac{1}{5} =$ _____

j) $\frac{1}{2} - \frac{1}{2} \cdot \frac{1}{3} + (\frac{5}{3} \cdot (-\frac{2}{5})) =$ _____

4 Finde die vier Fehler und korrigiere sie.

a) $13 - 5 : 2 = 4$ _____

b) $-1 \cdot 15 \cdot (10 : (-2)) = -75$ _____

c) $((-5 - 13) : 2 + 6) \cdot (-2) = 6$ _____

d) $((11{,}5 + 4{,}5 : (-3)) : 5) + 3 \cdot 4 = 20$ _____

e) $(-3{,}5 + 5 : 2) \cdot ((-100) : (-2)) = 50$ _____

f) $(-5 + 14 - 35) : ((-6{,}5) \cdot (-\frac{4}{2})) = -2$ _____

5 Bewerte jeweils mithilfe eines Überschlags das Ergebnis.
Zusatzaufgabe: Berechne die Ergebnisse.

a) $(17{,}4 - 5{,}9) \cdot (-4{,}1) = -47{,}15$ Überschlag: _____   ☐ Ergebnis kann stimmen.

b) $17{,}4 - (5{,}9 \cdot 4{,}1) = 10{,}3$ Überschlag: _____   ☐ Ergebnis kann stimmen.

c) $17{,}4 - 5{,}9 \cdot (-4{,}1) = 41{,}59$ Überschlag: _____   ☐ Ergebnis kann stimmen.

d) $(6{,}4 : 5 - 5{,}9 \cdot 4{,}1) \cdot 5 = 114{,}55$ Überschlag: _____   ☐ Ergebnis kann stimmen.

e) $6{,}4 : 5 - 5{,}9 \cdot 4{,}1 \cdot 5 = -20{,}67$ Überschlag: _____   ☐ Ergebnis kann stimmen.

f) $(6{,}4 : (5 - 5{,}9)) \cdot 4{,}1 \cdot 5 \approx -146$ Überschlag: _____   ☐ Ergebnis kann stimmen.

Anwenden und Vernetzen

6 Schreibe entsprechende Ausdrücke auf und löse sie.

a) Multipliziere die Summe von -7 und $4{,}5$ mit 3. _____

b) Addiere die Produkte von -8 und -2 und von $-1{,}5$ und 4. _____

c) Addiere $\frac{2}{3}$ zum Quotienten von 27 und 81 und addiere anschließend -2. _____

d) Subtrahiere $2{,}5$ von der Differenz von 78 und $-1{,}5$. _____

7 Alle ganzen Zahlen, die kleiner als 52 und größer als -50 sind, werden addiert. Was ist das Ergebnis? _____

8 Mehrere Schüler schätzten die Länge einer Mauer. Beim Nachmessen stellten sie fest, dass sie 8 m lang ist. Sie bestimmen die Abweichungen von den Schätzungen.
Wurde im Durchschnitt die Länge der Mauer unter- oder überschätzt?

_____

_____

_____

Abweichungen der Schätzungen von der gemessenen Länge	
Anna: $-0{,}6$ m	Alex: $-1{,}3$ m
Berta: $+0{,}4$ m	Tom: $+0{,}3$ m
Lisa: $+1{,}1$ m	Christian: $-0{,}2$ m
Nora: $+0{,}1$ m	Damian: $+0{,}6$ m
Hanna: $-0{,}6$ m	

Hinweis: Lass mehrere Mitschülerinnen oder Mitschüler die Höhe eines Stuhles im Raum schätzen.
Untersuche danach, ob die Höhe eher über- oder unterschätzt wurde.
Die Verwendung von Linealen und anderen Messhilfen ist beim Schätzen verboten.

Terme aufstellen

▶ Grundwissen

- Sinnvolle Ausdrücke mit Zahlen, Variablen (Platzhaltern), Rechenzeichen bzw. Klammern nennt man Terme.
  Sie können auch nur aus einer Zahl oder Variablen bestehen.
  Die Relationszeichen wie „=", „≠", „<", „≥" … kommen in Termen nicht vor.

  Beispiele:

  | $5 \cdot x$ | $12x - 4y - 4$ | $12x - 4y = 0$ | $3{,}5*$ | $2 < y - 4x$ | $(x \cdot y)^2 - 2$ | (2) |

  | 7 Autos | $a + b + c - d + 45$ | $45 :)$ | $(4 + 5)$ | $(78 +)$ | $78 : 4x$ | $4\,m - 4\,dm$ |

- Setzt man in einen Term für jede Variable eine Zahl ein, so nimmt der Term einen Wert an.

  Beispiele: Wird in $a : 2 + 5b$ für $a = 9$ und für $b = 2$ eingesetzt, so ist der Wert des Terms 14,5,
  denn $9 : 2 + 5 \cdot 2 = 14{,}5$.

▶ **Auftrag:** Streiche die Ausdrücke durch, die keine Terme sind.

Trainieren

1 Sinnvolle Ausdrücke

a) Gib mithilfe der Karten sechs Terme an.
   Hinweis: Kontrolliert die Ergebnisse gegenseitig.

   _____

   _____

b) Gib mithilfe der Karten sechs sinnvolle Ausdrücke an, die keine Terme sind.
   Hinweis: Kontrolliert die Ergebnisse gegenseitig.

   _____

   _____

Karten: $=$ 7 $+$ $)$ $:$ $($ $-$ $\frac{1}{3}$ $-0{,}25$ $0{,}3$ $\cdot$ b $:$ $?$

2 Ergänze fehlende Terme bzw. Sätze.

a) Verdreifache a.

   [ ]

b) _____

   $b + (-7)$

c) Ein Viertel von c.

   [ ]

d) _____

   $5d + 8$

e) Das Produkt zweier aufeinander folgender natürlicher Zahlen.

   [ ]

3 Berechne die Werte.

	$2n - 1$	$-\frac{3}{2}n + 5$	$n^2 - 4n + 1$	$\frac{1}{2}n$
Wert des Terms für $n = 2$				
Wert des Terms für $n = -5$				
Wert des Terms für $n = 0{,}02$				
Wert des Terms für $n = \frac{1}{3}$				

4 Die Figuren wurden aus gleich langen Stäben gelegt und verkleinert.

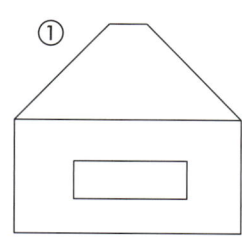
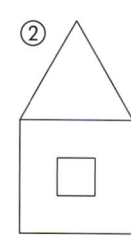
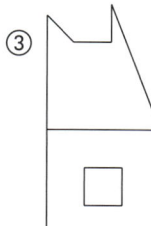
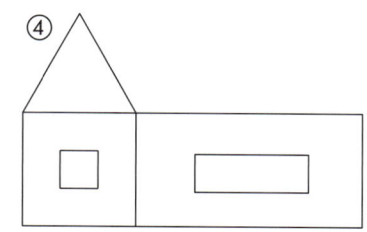

a) Markiere gleich lange Stäbe mit der gleichen Farbe.

b) Die Gesamtlänge der Stäbe einer Figur ist gesucht.
Schreibe hinter jeden Term die Nummer der passenden Figur.

Terme mit Variablen

$6b + 4d$

$b + b + b + b + b + b + d + d + d + d$

$a + b + a + c + b + c + b + b + d + d + d$

$2a + 9b + 6d$

$a + b + b + b + c + 4d + 3d$

$2a + 4b + 2c + 3d$

$1a + 3b + 1c + 7d$

Terme ohne Variablen

$2 \cdot 30\,cm + 9 \cdot 15\,cm + 6 \cdot 5\,cm$

$1 \cdot 30\,cm + 3 \cdot 15\,cm + 1 \cdot 17,5\,cm + 7 \cdot 5\,cm$

$15\,cm + 15\,cm + 15\,cm + 15\,cm + 15\,cm + 15\,cm + 5\,cm + 5\,cm + 5\,cm + 5\,cm$

$6 \cdot 15\,cm + 4 \cdot 5\,cm$

$2 \cdot 30\,cm + 4 \cdot 15\,cm + 2 \cdot 17,5\,cm + 3 \cdot 5\,cm$

$225\,cm$

$170\,cm$

$110\,cm$

$127,5\,cm$

Anwenden und Vernetzen

5 Streichholzmuster

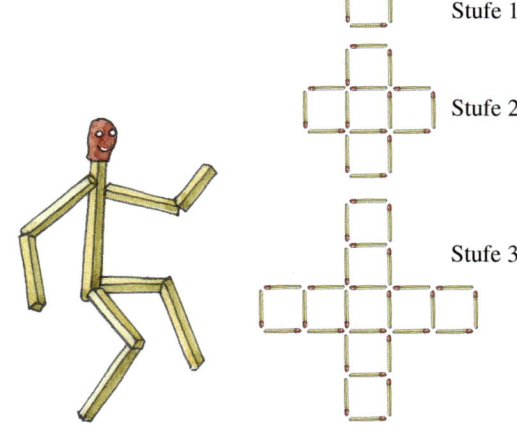

Stufe 1

Stufe 2

Stufe 3

a) Wie viele Streichhölzer benötigt man für die Stufe 5?

_____

b) Bis zu welcher Stufe kann das Muster aus 100 Streichhölzern gelegt werden?

_____

c) Einer der Terme ist zur Berechnung der Gesamtzahl der benötigten Hölzer von Stufe 1 bis n geeignet.
Kreuze diesen an.

☐ $(3 \cdot n)^2$ ☐ n^2 ☐ $12n - 8$ ☐ $3 + n^2$

6 An zwei Seiten eines Quadrates werden jeweils gleich große kleine Quadrate gelegt, sodass ein größeres Quadrat entsteht.

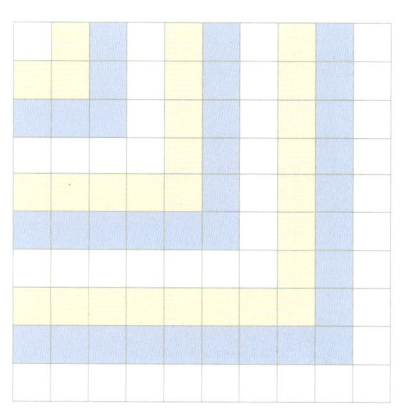

a) Gib einen Term zur Berechnung der Gesamtzahl der für das n-te Quadrat benötigten kleinen Quadrate an.

_____

b) Wie viele kleine Quadrate sind an ein Quadrat anzulegen, um das nächstgrößere Quadrat zu erhalten.

_____

Terme vereinfachen

▶ **Grundwissen**

- Alle Termvereinfachungen dürfen am Wert des Terms

  _____

- In Summen und Differenzen kann man Vielfache gleicher Variablen zusammenfassen.
  Dabei werden die Koeffizienten addiert bzw. subtrahiert.

- In Produkten aus Zahlen und Variablen kann man die Koeffizienten und die Variablen getrennt miteinander multiplizieren.

Beispiele:

$3a + a \neq 5a,$ da z. B. $3 \cdot 2 + 2 \neq 5 \cdot 2$

$7d + 5d - 4d + 2h =$ _____

$2d \cdot 4h \cdot 3 =$ _____

▶ **Auftrag:** Vervollständige die Regel und die Beispiele.

Trainieren

1 Die Figuren wurden mithilfe einer Schablone in einem Zug im Uhrzeigersinn gezeichnet.
   Beschreibe jeweils zuerst mithilfe eines Terms die zurückgelegte Strecke und vereinfache diesen.

a)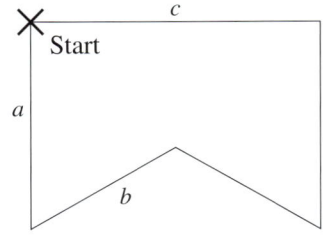

b)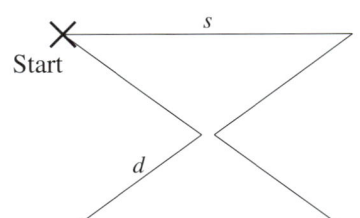

c)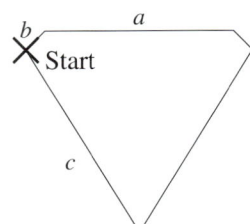

_____   _____   _____

_____   _____   _____

_____   _____   _____

2 Fasse zusammen, wenn möglich.

a) $18a + 5a - 2a + a - 7a =$ _____

b) $17x - 3x + 18 - x + 5 =$ _____

c) $11b - 8b - 3 + b - 1 =$ _____

d) $27m - 2m + 13 - 4m + 15 =$ _____

e) $x + a + b + 3x =$ _____

f) $12 - 2b + 96 - 8b =$ _____

g) $1{,}43x + 2{,}48x =$ _____

h) $0{,}5s \cdot 7t + 2s =$ _____

i) $a + 5 + y - 15 =$ _____

j) $3o + 4p + 14o - 16 =$ _____

k) $a + a + b + c + b =$ _____

l) $d + d + a - 2d + 3a - 4a =$ _____

m) $7 + 4x - 11 + 5y =$ _____

n) $-1x + 5y - 4x - 11y - 1y =$ _____

o) $6{,}2x + 8{,}1y + 1{,}3x =$ _____

p) $ab + 4g - 4ab - 5{,}5g + 1 =$ _____

q) $xy - 4x - 5{,}5xy - 11{,}5xy =$ _____

r) $12g + 3{,}5k + 1{,}5b - 1{,}2 =$ _____

s) $2a \cdot 7b =$ _____

t) $\frac{1}{3}x + \frac{1}{3}y + \frac{1}{3}z =$ _____

3 Gib jeweils zwei Terme zur Berechnung des Umfangs der Figuren an und berechne ihn zur Kontrolle mit beiden Terme. Hinweis: Miss benötigte Strecken.

a)

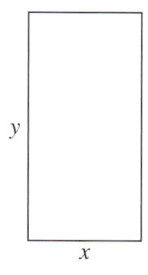

b)

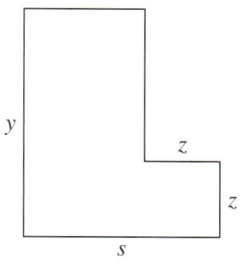

c)

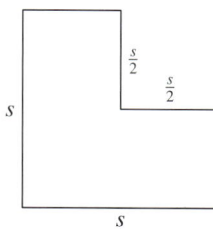

---

4 Markiere gleichwertige Terme mit derselben Farbe.

$2x + y$	$2x + 3y$	$3y + 2x$	$2x + 2y$
$z + 2y - z + 2x + y$	$y + x + x + 2y$	$x + 2x + 2y$	$2 \cdot x + 3 \cdot y$
	$x + 2y + x$	$y + 2x + 2y$	

Anwenden und Vernetzen

5 Die Klassenfahrt der 7c wird geplant. Eine Busfahrt zum Ziel kostet pro Person 8,10 €. Für die Unterkunft werden 800,00 € Grundgebühr für die Organisation bzw. Reinigung und 60,00 € pro Schüler für 5 Übernachtungen inkl. Halbpension berechnet.

a) Stelle einen Term auf, mit dem man die Kosten der Klassenfahrt berechnen kann.
Gib die Bedeutung der Variablen an.

b) Berechne die Kosten bei 24 Schülern und Hin- und Rückfahrt mit Bus.

c) Für die Klassenfahrt soll jeder 110,00 € auf das Klassenkonto überweisen. Ist dies sinnvoll?

Gleichungen durch Probieren lösen

▶ **Grundwissen**

Setzt man in eine Gleichung für die Variable eine Zahl ein, so entsteht eine wahre oder eine falsche Aussage.
Jede Zahl, die zu einer wahren Aussage führt, nennt man Lösung der Gleichung.
Eine Gleichung hat eine, keine oder mehrere Lösungen.

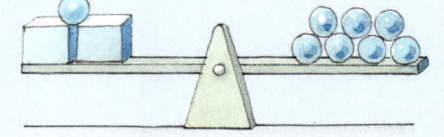

Beispiele: $2 \cdot x + 1 = 7$ Lösung: _____

           $y \cdot y + 1 = 5$ Lösungen: _____

▶ **Auftrag:** Ergänze die Lösungen. Es sind ganze Zahlen zwischen −4 und 4.

Trainieren

1 Setze in die Gleichungen für die Variablen die gegebenen Zahlen ein.
Gib jeweils an, ob eine wahre bzw. falsche Aussage entsteht.

	$10 \cdot x - 7 = 43$	$x + 30 = 50 - 9$	$\frac{1}{2} + x = 2x - 0,5$
$x = 11$	$10 \cdot 11 - 7 = 43$ $103 = 43$ falsche Aussage		
$x = 7$			
$x = 5$			
$x = 1$			

    $10 \cdot x - 7 = 43$ $x + 30 = 50 - 9$ $\frac{1}{2} + x = 2x - 0,5$

      Lösung: _____   Lösung: _____   Lösung: _____

2 Löse die Gleichungen durch systematisches Probieren bzw. Überlegen.

a) $y - 7 = 35$ $y =$ ____   **b)** $100 + x = 220$ $x =$ ____   **c)** $14 \cdot a = 28$ $a =$ ____

d) $k : 25 = 3$ $k =$ ____   **e)** $f - 4 = 8$ $f =$ ____   **f)** $g + 2 = 2$ $g =$ ____

g) $b \cdot 0,5 = 2$ $b =$ ____   **h)** $3 : d = 5$ $d =$ ____   **i)** $2a - 0,5 = 2,1$ $a =$ ____

3 Sind die angegebenen Lösungen richtig? Kreuze an.

a) $7a - 2 = 6a + 3$ Lösung: 5   ☐ richtig   ☐ falsch

b) $0,5b + 7b = 8,5 - 1b$ Lösung: 2   ☐ richtig   ☐ falsch

c) $4,5 : 0,5c = 9$ Lösung: 1   ☐ richtig   ☐ falsch

4 Gib eine Gleichung an, die unendlich viele Lösungen hat. _____

5 Binde jeweils die Luftballons mit Lösungen an die richtige Tasche.

6 Ergänze jeweils zuerst die Tabellen. Gib danach die Lösung der Gleichung an.

a)

a	2	4	6	8
$a + 12$				
$4a$				

Die Lösung der Gleichung $a + 12 = 4a$ ist _____

b)

b	2	4	6	8
$10b : 5$				
$3b - 6$				

Die Lösung der Gleichung $10b : 5 = 3b - 6$ ist _____

c)

c	1	3	5	7
$2c$				
$5c - 15$				

Die Lösung der Gleichung $2c = 5c - 15$ ist _____

d)

d	0,1	0,2	0,5	0,9
$2d - 1,2$				
$1,3 - 3d$				

Die Lösung der Gleichung $2d - 1,2 = 1,3 - 3d$ ist _____

Anwenden und Vernetzen

7 Zum Einzäunen der abgebildeten Pferdekoppel stehen 80 m Zaun zur Verfügung.

a) Ermittle x.

_____

_____

b) Kann mit dem Zaun eine $410\,m^2$ große quadratische Koppel abgesteckt werden?

_____

_____

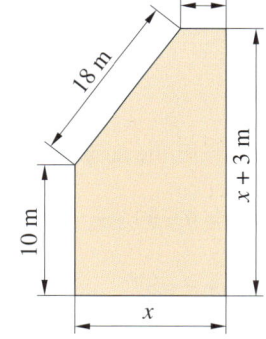

8 Formuliere zu den gegebenen Zusammenhängen Gleichungen und gib deren Lösungen an.

a) „Ich denke mir eine Zahl. Addiere ich zu ihr 17, erhalte ich 29."

_____

b) „Subtrahiere ich von einer gedachten Zahl 5, bleiben 36 übrig."

_____

c) „Addiere ich zur Hälfte einer Zahl ihr Doppeltes, ist das Ergebnis 25."

_____

Gleichungen durch Umformen lösen

▶ **Grundwissen**

Gleichungen kann man mithilfe folgender Äquivalenzumformungen lösen.
- Ordnen und Zusammenfassen auf einer Seite vom Gleichheitszeichen ☐ wahr ☐ falsch
- Addieren oder Subtrahieren desselben Terms auf beiden Seiten ☐ wahr ☐ falsch
- Multiplizieren oder Dividieren mit demselben Term (außer 0) auf beiden Seiten ☐ wahr ☐ falsch
- Tauschen der Rechenoperationen auf beiden Seiten ☐ wahr ☐ falsch
- Tauschen beider Seiten ☐ wahr ☐ falsch

▶ **Auftrag:** Kreuze an.

Trainieren

1 Wie viele ⊖ entsprechen x? Veranschauliche die Lösungsschritte und notiere passende Gleichungen.

a) 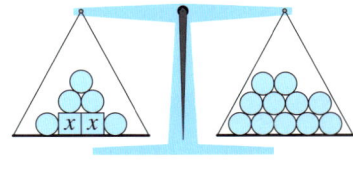 b) 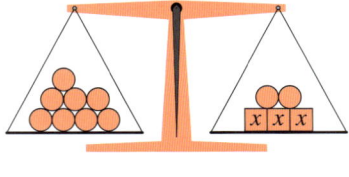 c)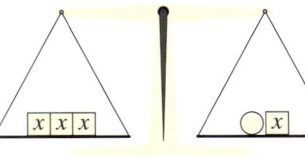

_____ = _____ | _____ = _____ | _____ = _____ |

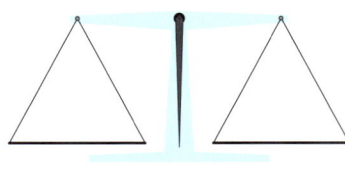 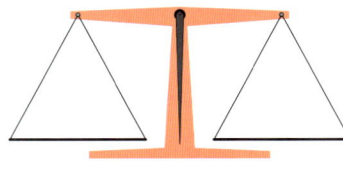

_____ = _____ | _____ = _____ | _____ = _____ |

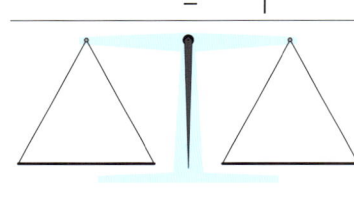 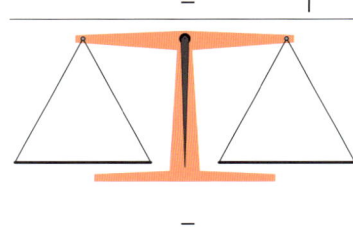 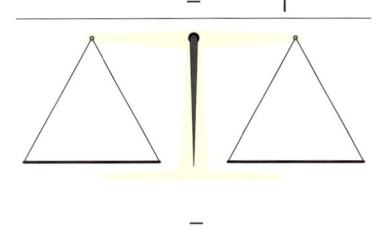

_____ = _____ _____ = _____ _____ = _____

2 Gib jeweils die ausgeführten Äquivalenzumformungen an.

a) $5x + 9 = 37 + x$ | ____

$4x + 9 = 37$ | ____

$4x = 28$ | ____

$x = 7$

b) $6x - 3 = 10 + x - 3$ | ____

$5x - 3 = 7$ | ____

$5x = 10$ | ____

$x = 2$

c) $9 - 5x + 6 = -10x + 10$ | ____

$15 + 5x = 10$ | ____

$5x = -5$ | ____

$x = -1$

3 Ermittle die Lösungen.

a) $7x - 5 = 16$ | ____

b) $7x + 10 - 3x = 28$ | ____

c) $13 = 5x - 3 + 3x$ | ____

4 Löse die Gleichungen.

a) $8a + 5 = 29 - 4a$	b) $7b + 4 + 2b = 4b + 9$	c) $3 + c = -3 - 2c$

5 Die folgenden Gleichungen wurden nicht richtig gelöst. Unterstreiche die Fehler.
Löse danach die Gleichungen.
Zusatzaufgabe: Führe jeweils die Probe durch.

a) $3x = -4x - 21$ $| -4x$

    $-x = -21$ $| \cdot (-1)$

     $x = 21$

b) $12y + 6 = 27 + 9y$ $| -9y$

    $3y + 6 = 27$ $| : 3$

    $y + 6 = 9$ $| -6$

     $y = 3$

c) $15a - 24 = a - 4$ $| +4$

    $15a - 28 = a$ $| -15a$

    $-28 = -14a$ $| : (-14)$

     $2 = a$

Anwenden und Vernetzen

6 Auf einem Bauernhof leben dreimal so viele Hühner wie Schweine.
Außerdem gibt es noch sechs Ziegen.
Anton hat aus Spaß die Beine aller Tiere gezählt, es sind 114.

a) Gib entsprechende Terme an.

    $4x$ steht für die Anzahl der Beine der Schweine.

    _____   steht für die Anzahl der Beine der Ziegen.

    _____   steht für die Anzahl der Beine der Hühner.

b) Ermittle, wie viele Hühner und Schweine es auf dem Bauernhof gibt.
Hinweis: Überprüfe dein Ergebnis am Text.

Sachaufgaben systematisch lösen

▶ Grundwissen

Sachaufgaben kann man in sechs Schritten lösen.

Beispiel: Zwei Winkel in einem Dreieck sind 57° und 48° groß. Berechne die Größe des dritten Winkels.

① Variable festlegen.

_____ (steht für den dritten Winkel)

② Term(e) bilden.

$\alpha + 57° + 48° = \alpha + 105°$

③ Gleichung aufstellen.

$\alpha + 105° = 180°$

④ Gleichung lösen.

$\alpha + 105° = 180°$ | _____
$\alpha = 75°$

⑤ Lösung prüfen.

$75° +$ _____

⑥ Antwort formulieren.

_____

▶ **Auftrag:** Vervollständige das Beispiel.

Trainieren

1 Lege jeweils die Variable fest. Bilde Terme und stelle die Gleichung auf.
Zusatzaufgabe: Ermittle die Lösungen.

a) Wenn Moritz noch 6 € bekommt, hat er 100 €.

x steht für _____

Gleichung: _____

b) 125 Sticker wurden auf 20 Kinder verteilt. Jedes bekam gleich viele. Fünf blieben übrig. Wie viele bekam jedes Kind?

x steht für _____

Gleichung: _____

c) Beim Ausflug muss jeder Schüler 2,90 € für die Fahrkarte, 5,60 € für den Eintritt und 3,20 € für die Verpflegung zahlen. 304,20 € wurden bereits eingesammelt. Wie viele Schüler haben bereits bezahlt?

x steht für _____

Gleichung: _____

2 Noah bekommt ab 1. Januar für den Monat 10 € Taschengeld. Er spart je ein Viertel davon. Wann hat er 20 € zusammen?
Hinweis: Überlege, wie viel er jeweils am letzten und am ersten Tag eines Monats hat.

a) Lege die Variable fest. Bilde Terme und stelle die Gleichung auf.

x steht für _____

Gleichung: _____

b) Beurteile die Antworten. Kreuze an.

Im April hat er 20 € zusammen.	☐ passende Antwort	☐ richtig	☐ falsch
Ende Februar hat er 5 € gespart.	☐ passende Antwort	☐ richtig	☐ falsch
Am 1. Mai hat er 20 € zusammen.	☐ passende Antwort	☐ richtig	☐ falsch

3 Wie alt sind die Mädchen?

Sprechblasen:
- In 9 Jahren bin ich doppelt so alt wie Janne jetzt.
- Zusammen sind wir 57, und ich bin die Jüngste.
- Ich bin Jule und 3 Jahre älter als Janne.
- Jule und ich sind Zwillinge.

① Variable festlegen. x steht für das Alter von Janne.

② Terme bilden.   _____ steht für das Alter des linken Mädchens.

                 _____ steht für das Alter der Zwillinge.

③ Gleichung aufstellen.

④ Gleichung lösen.

⑤ Lösung prüfen.

⑥ Antwort formulieren.

Anwenden und Vernetzen

4 Berechne das Alter von Henri und Jakob.

Henri sagt: „Mein Bruder ist doppelt so alt wie ich. Mein Opa ist viermal so alt wie mein Bruder. Werden alle unsere Alter addiert und verdoppelt, so ergibt das 220 Jahre."

Jacob sagt: „Meine Mama war 22, als ich geboren wurde. Mein Vater ist 5 Jahre älter als sie und heute halb so alt wie mein Opa. Mein Opa ist 80 Jahre alt."

5 Ein rechteckiges Blatt hat einen Umfang von 48 cm. Die eine Seite ist 2 cm länger als die andere. Berechne die Seitenlängen und den Flächeninhalt des Blattes.

Kapitel Brüche multiplizieren und dividieren

1 Multipliziere. Gib das Ergebnis gekürzt und, wenn möglich, als gemischte Zahl an.

a) $7 \cdot \frac{8}{57} =$ _____

b) $\frac{2}{3} \cdot 8 =$ _____

c) $\frac{6}{7} \cdot \frac{1}{5} =$ _____

d) $\frac{3}{8} \cdot \frac{5}{12} =$ _____

e) $1\frac{1}{5} \cdot \frac{2}{5} =$ _____

f) $\frac{2}{3} \cdot 2\frac{3}{4} =$ _____

2 Dividiere. Gib das Ergebnis gekürzt und, wenn möglich, als gemischte Zahl an.

a) $\frac{3}{18} : 5 =$ _____

b) $9 : \frac{9}{8} =$ _____

c) $\frac{7}{11} : \frac{4}{5} =$ _____

d) $\frac{3}{14} : \frac{3}{7} =$ _____

e) $2\frac{2}{7} : 7 =$ _____

f) $7 : 1\frac{2}{3} =$ _____

3 Bilde mit je drei der Zahlen auf den Karten eine passende Aufgabe.
Hinweis: Es gibt jeweils mehrere Möglichkeiten.

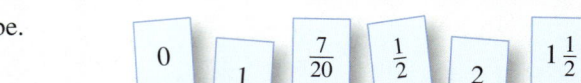

$0 \quad 1 \quad \frac{7}{20} \quad \frac{1}{2} \quad 2 \quad 1\frac{1}{2}$

a) Schreibe eine Aufgabe mit Multiplikation und dem Ergebnis „0" auf.

_____

b) Schreibe eine Aufgabe mit Multiplikation und dem Ergebnis „1" auf.

_____

c) Schreibe eine Aufgabe mit Division und dem Ergebnis „1" auf.

_____

d) Schreibe eine Aufgabe mit Division und dem Ergebnis „$2\frac{6}{7}$" auf.

_____

4 Löse die Aufgaben.

a) Wie viel sind $\frac{3}{5}$ von $2\frac{1}{2}$ l Saft?

_____

_____

b) Sind drei Viertel von 0,75 l Saft mehr als $\frac{1}{2}$ l Saft oder weniger?

_____

_____

c) Kann ein Wirt mit $4\frac{3}{5}$ l Saft 15 Gläser bis zum 0,3-l-Eichstrich füllen?

_____

_____

5 Berechne das Ergebnis möglichst vorteilhaft.

$\frac{1}{4} \cdot \frac{1}{3} + \frac{1}{4} \cdot \frac{2}{3} - \frac{1}{4} \cdot \frac{1}{6} =$ _____

Kapitel Beziehungen zwischen Winkeln

1 Ermittle ohne Geodreieck die Größen der Winkel.

a)

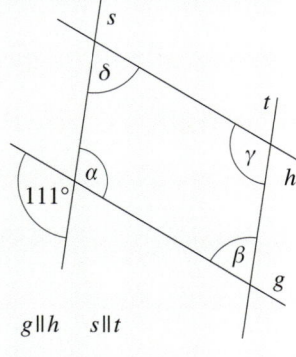

$g \parallel h \quad s \parallel t$

$\alpha =$ _____

$\gamma =$ _____

$\beta =$ _____

$\delta =$ _____

b)

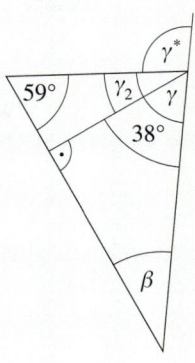

$\beta =$ _____

$\gamma_2 =$ _____

$\gamma =$ _____

$\gamma^* =$ _____

2 Berechne die fehlenden Winkelgrößen.

a) Dreieck *ABC* mit … $\qquad \alpha = 70° \qquad \beta = 35° \qquad \gamma =$ _____

b) gleichseitiges Dreieck *ABC* mit … $\qquad \alpha =$ _____ $\qquad \beta =$ _____ $\qquad \gamma =$ _____

c) gleichschenkliges Dreieck mit … $\qquad \alpha = 42° \qquad \beta = 69° \qquad \gamma =$ _____

d) rechtwinkliges, gleichschenkliges Dreieck mit … $\qquad \alpha =$ _____ $\qquad \beta =$ _____ $\qquad \gamma =$ _____

3 Fünfecke

a) Ermittle die Innenwinkelsumme des Fünfecks. _____

b) Formuliere eine Vermutung zur Innenwinkelsumme von Fünfecken und begründe sie.

_____

_____

_____

_____

_____

_____

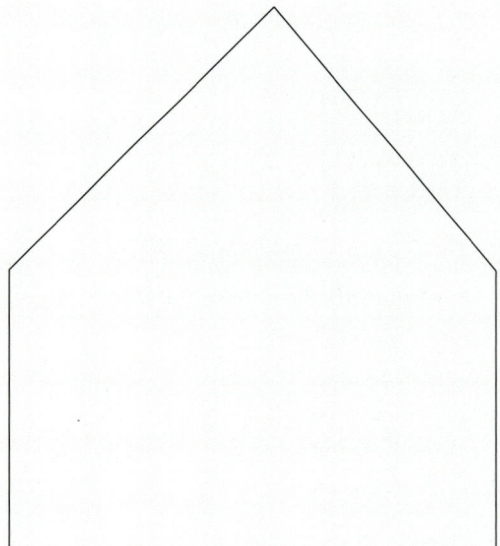

4 Ermittle den Schnittpunkt der Mittelsenkrechten (P_M) und den Schnittpunkt der Winkelhalbierenden (P_W). Hinweis: Überprüfe dein Ergebnis mit dem Um- bzw. Inkreis.

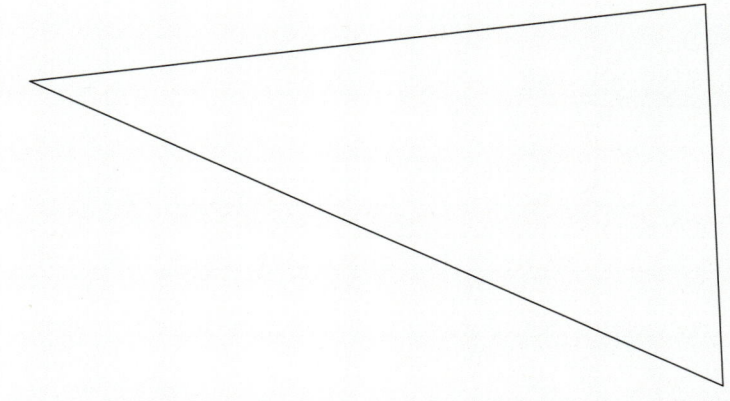

Kapitel Zuordnungen

1 Entscheide zuerst, ob es eine proportionale oder antiproportionale
Zuordnung ist.
Löse die Aufgaben danach mithilfe des Dreisatzes.

Karten	Preis in €

   a) 9 Karten für das Konzert kosten ohne Bearbeitungsgebühr 81,00 €.
Wie viel kosten 11 Karten ohne Bearbeitungsgebühr?

_____

   b) 4 Pumpen vom gleichen Typ leeren ein Becken in $13\frac{1}{2}$ h.
Wie viele der Pumpen leeren ein gleich großes Becken in 6 h?

Stunden	Pumpen

_____

2 Kreuze die Zuordnung aus Aufgabe **1** an, bei der im Koordinatensystem alle Punkte auf einem Strahl liegen,
der im Ursprung beginnt.

   ☐ Karten → Preis in €   ☐ Stunden → Pumpen

3 Eine Tüte mit 48 Schokoladentäfelchen wird aufgeteilt.

   a) Wie viele Schokoladentäfelchen erhält jeder, wenn
2, 3, 4 oder 6 Kinder alles unter sich aufteilen?

Anzahl der Kinder			
Anzahl der Täfelchen			

   b) Stelle die Zuordnung in einem Diagramm dar.
Ist es sinnvoll, die Punkte miteinander zu verbinden?

_____

_____

_____

_____

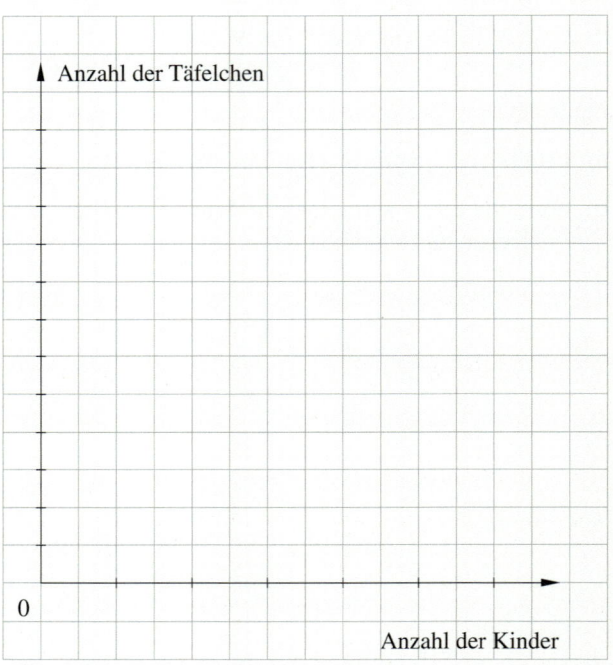

4 Handelt es sich um eine proportionale, antiproportionale oder keine derartige Zuordnung? Begründe.

Zeit in h	1	3	4	5
Strecke in km	1	2,5	3	3,5

_____

_____

_____

_____

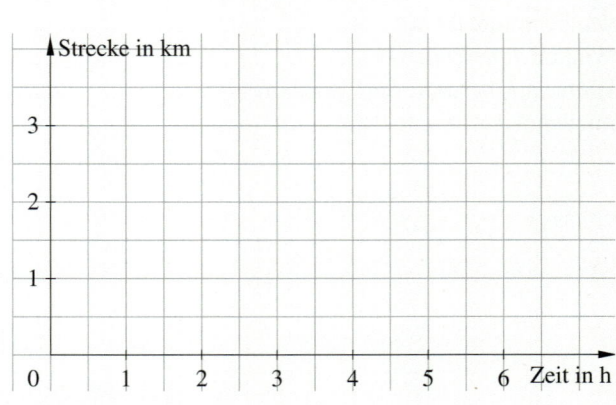

Kapitel Dreiecke konstruieren

1 Zueinander kongruente Dreiecke

  a) Färbe zueinander kongruente Dreiecke jeweils mit derselben Farbe ein.

  b) Zeichne zwei (nicht mehr) Strecken so ein, dass zehn zueinander kongruente Dreiecke entstehen.

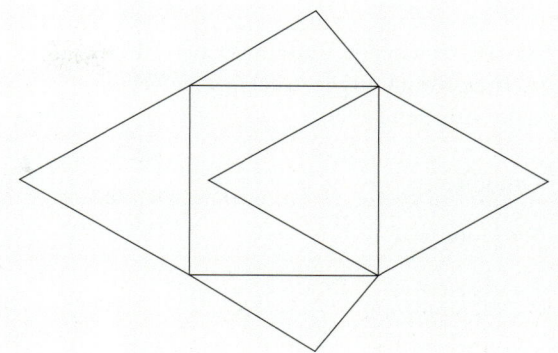

2 Ermittle mithilfe maßstäblicher Zeichnungen die Breite des Flusses und des Sees.
  Nenne jeweils den Kongruenzsatz, nach dem die Konstruktion eindeutig ausführbar ist.

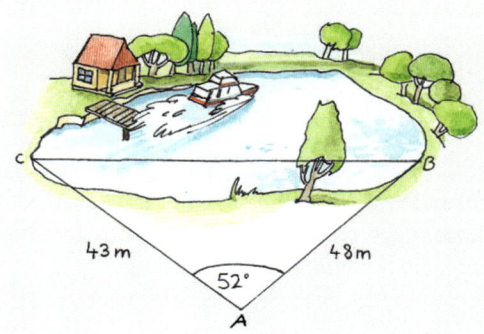

Maßstab 1 : 200 _____

Maßstab 1 : 100 _____

_____   _____

3 Zeichne jeweils das Dreieck *ABC* und nenne den Kongruenzsatz, nach dem alle Dreiecke mit den gegebenen Maßen zueinander kongruent sind.

  a) $a = 6\,\text{cm}; b = 5\,\text{cm}; c = 6{,}5\,\text{cm}$ _____

  b) $a = 4\,\text{cm}; b = 5{,}5\,\text{cm}; \beta = 75°$ _____

Kapitel **Prozentrechnung**

1   Gib zuerst passende Umschreibungen in der ersten Spalte an. Ergänze danach die Tabelle zu den orangen Teilen.

Grundwert ( )			
Prozentwert ( )			
Prozentsatz ( )			

2   Kreuze jeweils an, was zu berechnen ist, und löse die Aufgabe mithilfe des Dreisatzes.

a)   12,5 kg von 20 kg Kirschen sind bereits verkauft.
Wie viel Prozent sind das?

☐ Grundwert   ☐ Prozentwert   ☐ Prozentsatz

_____

b)   Bei Stammkunden wird der Gesamtpreis um 2,5 % reduziert.
Ohne Reduzierung kostet eine Hose 40,00 €.
Wie viel zahlt ein Stammkunde dafür weniger?

☐ Grundwert   ☐ Prozentwert   ☐ Prozentsatz

_____

c)   In den Kästen stehen 6 leere Flaschen.
Das sind 15 % aller Flaschen.
Wie groß ist die Anzahl der Flaschen insgesamt?

☐ Grundwert   ☐ Prozentwert   ☐ Prozentsatz

_____

3   Ermittle Prozentwerte und Grundwerte.

a)   Schraffiere jeweils 30 % der Flächen.

b)   Verlängere jeweils das Rechteck so, dass der Anteil der vorgegebenen Fläche 70 % beträgt.

4   Zum Schlussverkauf reduziert ein Verkäufer Preise. Ergänze die Tabelle.
Hinweis: Rechne, wenn nötig, auf einem zusätzlichen Blatt.

	Preissenkung		alter Preis	neuer Preis
	in Euro	in Prozent		
Hosen			79,50 €	58,83 €
Röcke		20 %	45,50 €	
Pullover	12,21 €			43,29 €
T-Shirts		14 %	25,00 €	

Kapitel Rationale Zahlen

1 Gib die Ergebnisse an.

a) $(+3) + (-7) =$ _____ b) $(-8) + (-7) =$ _____ c) $(-9) + (+3) =$ _____ d) $13 + (-4) =$ _____

e) $(-7) - (+11) =$ _____ f) $(+12) - (-4) =$ _____ g) $(-8) - (-8) =$ _____ h) $(+2) - (+0,8) =$ _____

i) $(+2) \cdot (-10) =$ _____ j) $(-9) \cdot (-5) =$ _____ k) $(-0,5) \cdot (+80) =$ _____ l) $(+4) \cdot (+2,5) =$ _____

m) $(+8) : (-2) =$ _____ n) $(-0,9) : (-3) =$ _____ o) $(-1,8) : (+0,6) =$ _____ p) $(+2,4) : (+1,2) =$ _____

2 Ergänze die Tabellen.
In der ersten Spalte stehen die Minuenden (bzw. Dividenden) und in der ersten Zeile die Subtrahenden (bzw. Divisoren).

−	19	23	
7	−12	52	
−11			
−1,5		3	

:	10	8	
−4	−0,4	2	
−0,7			
$\frac{7}{2}$			12,25

3 Ergänze die Tabelle.

alter Kontostand	120 €		10 €	−20 €
neuer Kontostand		100 €	185 €	−195 €
Veränderung	Auszahlung von 150 €	Einzahlung von 125 €		

4 Rechne im Kopf vorteilhaft.

a) $-17 + 35 - 23 + 15 =$ _____

b) $2,7 - 0,5 - 1,3 + 0,5 - 2,7 =$ _____

c) $12 \cdot (-7) + 12 \cdot (-3) =$ _____

d) $11 \cdot (-1,3) =$ _____

e) $7,5 : (-2 - 0,5) =$ _____

f) $-21,3 + (-0,5) : (-0,25) =$ _____

5 Setze jeweils die fehlenden Klammern.

a) $15 + 7 - 33 + 41 = -52$

b) $-5 - 4 \cdot 3 - 12 - (-7) = -46$

6 Das Teppichmuster besteht aus 12 kleinen Dreiecken. Jeweils vier davon bilden ein größeres Vierer-Dreieck. Finde jeweils die passenden Dreiecke.

a) Die Summe der Zahlen in einem Vierer-Dreieck ist −2,25.

$-2,25 =$ _____ + _____ + _____ + _____

b) Das Produkt der Zahlen in einem Vierer-Dreieck ist −21.

$-21 =$ _____ · _____ · _____ · _____

c) Das Ergebnis der Zahlen in einem Vierer-Dreieck ist −11.

$-11 =$ _____ − _____ : _____ · _____

Kapitel **Terme und Gleichungen**

1   Kreuze jeweils alle Lösungen an.

a) $5x - 7 = 13$ ☐ 1   ☐ 2   ☐ 3   ☐ 4   ☐ 5

b) $3x - 15 = 2x + 5$ ☐ 10   ☐ 20   ☐ 30   ☐ 40   ☐ 50

c) $48 = x \cdot x + 47$ ☐ −2   ☐ −1   ☐ 0   ☐ 1   ☐ 2

d) $-12 + x - 3 = x - 15$ ☐ 1   ☐ 5   ☐ 7   ☐ 100   ☐ 0,5

2   Stelle passende Gleichungen auf und gib deren Lösungen an.

a)   Mia sagt: „Wird 45 zu einer Zahl addiert, so ist das Ergebnis 61."

     _____

b)   Ben sagt: „Wird 27 von einer Zahl subtrahiert, so ist das Ergebnis 41."

     _____

c)   Maria sagt: „Wird zum Doppelten einer Zahl 38 addiert, so ist das Ergebnis 52."

     _____

d)   Tim sagt: „Wird zuerst eine Zahl mit 21 multipliziert und danach 5 abgezogen, so ist das Ergebnis 100."

     _____

3   Markiere gegebenenfalls die Fehler und gib die Lösung an.

a) $9y = 5 - 3y + 7$ b) $5x + 7 - 3x = 15$

     $12y = 12$ $2x = 15$

       $y = 1$ Lösung: ____ $x = 7{,}5$ Lösung: 7,5

4   Amelie durfte 20 € mit zur Klassenfahrt nehmen.
Sie gab am ersten Tag 2 € mehr aus als am zweiten Tag,
am dritten Tag nichts und an den letzten beiden Tagen jeweils 3 €.
Als Amelie zurückkam, war noch 1 € übrig.
Wie viel gab sie an den einzelnen Tagen aus?

_____

_____

Jahrgangsstufentest

1 Trage die fehlenden Zahlen ein.
In der ersten Spalte stehen die Minuenden (bzw. Dividenden) und in der ersten Zeile die Subtrahenden (bzw. Divisoren).

−	1,2	31	
7		30	
−0,9			−0,4

:	10	5	
−1,8		0,6	
$\frac{6}{5}$			3

2 Drei Geschwister sind zusammen 38 Jahre alt. Anika ist doppelt so alt wie Lea, während Ole 6 Jahre älter als Lea ist.
Ermittle mithilfe einer Gleichung, wie alt die Geschwister sind.

3 Trage rechts die Ergebnisse ein.

Senkrecht
- a: 10 % von 123
- b: So viel Prozent sind 66 von 600.
- c: 42,96 sind 120 % davon.
- d: 50 % von 16 095
- e: Zu 50 000 kommen 12,4 % hinzu.
- f: 8 520,3 sind 30 % davon.
- g: Durch 4 geteilt gibt so viel Prozent.
- h: 20 % von 715
- i: Ein Ganzes in Prozent.

Waagerecht
- d: Ergibt um 50 % vergrößert 1 222,5.
- h: Die Summe aller Ziffern der Zahl ist 13.
- j: So viele Ganze sind 500 %.
- k: Ein Fünftel sind so viel Prozent.
- l: 5 um 100 % vergrößert.
- m: 10,5 sind 30 % davon.
- n: 25 % davon sind 107.
- o: 12,5 % von 50 224
- p: Das Fünffache als Prozentsatz.
- q: 200 um die Hälfte vergrößert.
- r: 15 um ein Drittel verkleinert.

4 Konstruktion von Dreiecken

a) Ergänze jeweils zu unterschiedlichen Dreiecken *ABC* mit $a = 4$ cm, $c = 5$ cm und $\alpha = 45°$.

b) Gib zu jedem Kongruenzsatz ein Beispiel für Seitenlängen bzw. Winkelgrößen an, sodass die Konstruktion eindeutig ausführbar ist.

Kongruenz-sätze	Beispiele
SSS	
SWS	
WSW	
SsW	

A ———— $c = 5$ cm ———— B

A ———— $c = 5$ cm ———— B

5 Herr und Frau Krug wollen ihr Wohnzimmer und den Flur renovieren.
Sie haben dafür neun Rollen Tapete für insgesamt 48,15 € gekauft.
Erfahrungsgemäß fangen sie früh gegen 7:00 Uhr an und sind um ca. 9:00 Uhr abends fertig.

a) Wann sind Wohnzimmer und Flur fertig tapeziert,
wenn beide ab 7:00 Uhr von drei Bekannten unterstützt
werden, die genauso schnell arbeiten wie sie?

_____

b) Nach einiger Zeit stellen sie fest, dass zwei Rollen Tapete
zu wenig gekauft wurden.
Kann man diese mit einem 10-€-Schein bezahlen?

_____

c) Frau Krug hat Glück. Der Laden, in dem sie die Tapete
nachkauft, gibt 15 % Rabatt auf alles.
Wie viel hat sie somit für eine Rolle Tapete zu zahlen?

_____

6 Trage die gesuchten Begriffe ein.
Wenn alles richtig ist, ergeben die Buchstaben in den hellblauen Kästchen ein Lösungswort.

1. …, die zu einer proportionalen Zuordnung gehören, liegen auf einem Strahl, der im Ursprung beginnt.
2. Der Schnittpunkt der Winkelhalbierenden eines Dreiecks ist der Mittelpunkt des …
3. Zur … setzt man die ermittelten Lösungen in die Gleichung ein.
4. … lassen die Lösung einer Gleichung unverändert.
5. … von $\frac{3}{4}$ ist $\frac{4}{3}$.
6. …, die für Brüche gelten, gelten auch
   für rationale Zahlen.
7. Eine Zuordnung kann
   mit einer … dargestellt werden.
8. In der Prozentrechnung nennt man
   den Wert, der 100 % entspricht, …
9. In … beträgt die Innenwinkel-
   winkelsumme 180°.
10. Wechsel- und Stufenwinkel an
    geschnittenen … sind gleich groß.
11. Die Wertepaare einer anti-
    proportionalen Zuordnung sind …

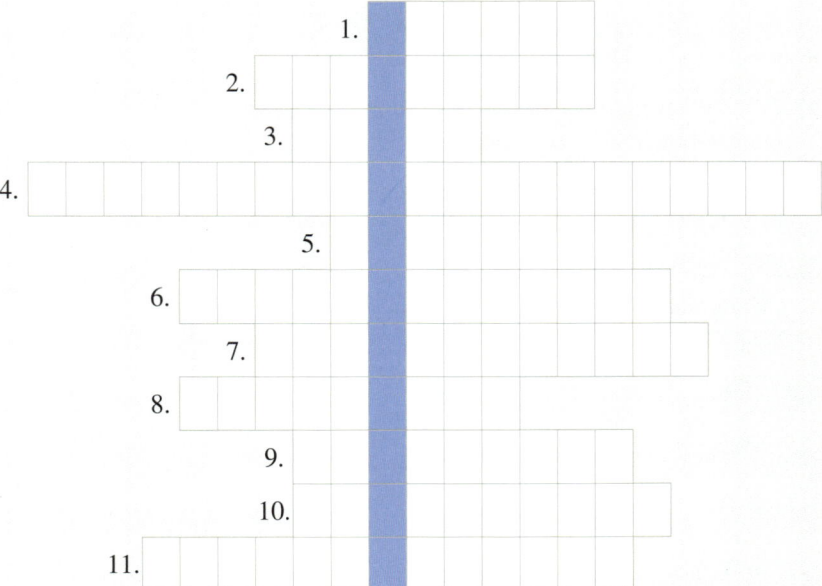

Arbeitsheft

Zahlen und Größen
Klasse 7
Nordrhein-Westfalen

Zahlen
und Größen

7

Nordrhein-Westfalen

4x+3
Maßstab 1:15 000
–12 °C
15 %

Cornelsen

LÖSUNGEN

Cornelsen

Berater: Udo Wennekers

Redaktion: Berit Kroschel

Illustration: Gudrun Lenz, Berlin
Grafik: Christian Böhning
Umschlaggestaltung: hawemannundmosch
Technische Umsetzung: Ralf Franz, CMS – Cross Media Solutions GmbH

Bildnachweis
Umschlag Corbis/Harry Spurling
Fotos 3/1 Shutterstock/NPeter; 5/1 Fotolia/undrey #48169754; 8/1 Fotolia/Simone Werner-Ney;
11/1 Shutterstock/Yuliyan Velchev; 14/1 Benner, Stephanie Charlotte, Berlin; 21/1 shutterstock/Diego Cervo;
23/1 shutterstock/Aschindl; 27/1 Fotolia/kaempfi #9233086; 35/1 Shutterstock/sevenke;
41/1 shutterstock/Max Topchii; 56/1 Fotolia/TwilightArtPictures #5688425; 62/1 Shutterstock/PhotographyByMK;
64/1 shutterstock/Africa Studio

Inhaltsverzeichnis

Dieses Heft gehört:

Klasse:

Brüche multiplizieren

▶ Grundwissen

Ein Bruch wird mit einem Bruch multipliziert, indem Zähler mit Zähler und Nenner mit Nenner multipliziert werden.

Hinweis: Natürliche Zahlen können als Brüche mit dem Nenner 1 geschrieben werden.

Beispiele:

$$\frac{2}{5} \cdot \frac{2}{3} = \frac{2 \cdot 2}{5 \cdot 3} = \frac{4}{15}$$

$$\frac{2}{5} \cdot 2 = \frac{2}{5} \cdot \frac{2}{1} = \frac{2 \cdot 2}{5 \cdot 1} = \frac{4}{5}$$

▶ **Auftrag:** Ergänze die Beispiele.

Trainieren

1 Multiplikation von Brüchen veranschaulichen

a) Ordne jeder Darstellung eine Aufgabe mit Ergebnis zu.

$$\frac{1}{3} \cdot \frac{1}{2} = \frac{1 \cdot 1}{3 \cdot 2} = \frac{1}{6}$$

$$\frac{2}{3} \cdot \frac{1}{3} = \frac{2 \cdot 1}{3 \cdot 3} = \frac{2}{9}$$

$$\frac{1}{3} \cdot \frac{1}{5} = \frac{1 \cdot 1}{3 \cdot 5} = \frac{1}{15}$$

$$\frac{2}{3} \cdot \frac{3}{5} = \frac{2 \cdot 3}{3 \cdot 5} = \frac{6}{15} \left(=\frac{2}{5}\right)$$

b) Löse jeweils die Aufgabe und überprüfe das Ergebnis mithilfe des Rechtecks.

$$\frac{1}{5} \cdot \frac{1}{5} = \frac{1 \cdot 1}{5 \cdot 5} = \frac{1}{25}$$

$$\frac{1}{5} \cdot 4 = \frac{1 \cdot 4}{5 \cdot 1} = \frac{1 \cdot 4}{5 \cdot 1} = \frac{4}{5}$$

2 Multipliziere. Kürze, wenn möglich.

a) $\frac{1}{2} \cdot \frac{1}{4} = \frac{1 \cdot 1}{2 \cdot 4} = \frac{1}{8}$

b) $\frac{2}{3} \cdot \frac{4}{5} = \frac{2 \cdot 4}{3 \cdot 5} = \frac{8}{15}$

c) $\frac{4}{7} \cdot \frac{14}{8} = \frac{4 \cdot 14}{7 \cdot 8} = 1$

d) $\frac{3}{9} \cdot \frac{8}{12} = \frac{3 \cdot 8}{9 \cdot 12} = \frac{2}{9}$

e) $\frac{11}{15} \cdot \frac{5}{7} = \frac{11 \cdot 5}{15 \cdot 7} = \frac{11}{21}$

f) $\frac{15}{18} \cdot \frac{9}{3} = \frac{15 \cdot 9}{18 \cdot 3} = 2\frac{1}{2}$

3 Ergänze die Tabelle.

·	$\frac{1}{2}$	$\frac{1}{3}$	$\frac{2}{3}$	$\frac{4}{9}$	3	$\frac{5}{7}$	10	$3\frac{1}{2}$
$\frac{1}{10}$	$\frac{1}{20}$	$\frac{1}{30}$	$\frac{2}{30} = \frac{1}{15}$	$\frac{4}{90} = \frac{2}{45}$	$\frac{3}{10}$	$\frac{5}{70} = \frac{1}{14}$	1	$\frac{7}{20}$
$\frac{7}{10}$	$\frac{7}{20}$	$\frac{7}{30}$	$\frac{14}{30} = \frac{7}{15}$	$\frac{28}{90} = \frac{14}{45}$	$\frac{21}{10} = 2\frac{1}{10}$	$\frac{35}{70} = \frac{1}{2}$	7	$\frac{49}{20} = 2\frac{9}{20}$
$\frac{5}{11}$	$\frac{5}{22}$	$\frac{5}{33}$	$\frac{10}{33}$	$\frac{20}{99}$	$\frac{25}{77}$	$\frac{15}{11} = 1\frac{4}{11}$	$\frac{50}{11} = 4\frac{6}{11}$	$\frac{35}{22} = 1\frac{13}{22}$

Aufgaben und Ergebnisse zum Abstreichen:

$\frac{1}{2} \cdot \frac{5}{6}$ $\frac{1}{15}$

$\frac{1}{3} \cdot \frac{1}{2}$ $\frac{5}{12}$

$\frac{2}{3} \cdot \frac{5}{6}$ $\frac{4}{5}$

$\frac{2}{3} \cdot \frac{1}{3}$ $\frac{6}{15}$

$\frac{1}{6}$ $\frac{4}{15}$

$\frac{2}{9}$ $\frac{10}{18}$

$\frac{5}{9}$

---

4 Ergänze die fehlenden Zahlen in den Multiplikationsmauern.

a)

$$\frac{12}{5} = 2\frac{2}{5}$$
$$\frac{4}{5} \quad \frac{6}{5} = 3$$
$$\frac{4}{10} = \frac{2}{5} \quad \frac{4}{2} = 2 \quad \frac{3}{2} = 1\frac{1}{2}$$
$$\frac{1}{10} \quad 4 \quad \frac{1}{2} \quad 3$$

b)

$$\frac{8}{231}$$
$$\frac{12}{33} = \frac{4}{11} \quad \frac{2}{21}$$
$$\frac{6}{11} \quad \frac{2}{3} \quad \frac{1}{7}$$
$$\frac{3}{11} \quad 2 \quad \frac{1}{3} \quad \frac{3}{7}$$

5 Ergänze jeweils den fehlenden Zähler und Nenner.

a) $\frac{2}{5} \cdot \frac{2}{3} = \frac{4}{15}$

b) $\frac{3}{2} \cdot \frac{3}{7} = \frac{9}{14}$

c) $\frac{7}{8} \cdot \frac{3}{10} = \frac{21}{80}$

6 Berechne folgende Anteile.

a) $\frac{1}{2}$ von $\frac{3}{4}$ l sind $\frac{3}{8}$ l.

b) $\frac{2}{5}$ von $\frac{3}{4}$ kg sind $\frac{3}{10}$ kg.

c) $\frac{2}{3}$ von $\frac{4}{5}$ h sind $\frac{8}{15}$ h.

d) $\frac{1}{3}$ von $\frac{7}{8}$ m sind $\frac{7}{24}$ m.

e) $\frac{1}{4}$ von $\frac{1}{4}$ kg sind $\frac{1}{16}$ kg.

f) $\frac{1}{8}$ von $\frac{8}{9}$ l sind $\frac{1}{9}$ l.

g) $\frac{1}{4}$ von $\frac{7}{44}$ kg sind $\frac{7}{176}$ kg.

h) $\frac{4}{27}$ von $\frac{81}{16}$ t sind $\frac{3}{4}$ t.

i) $\frac{21}{28}$ von $\frac{1}{2}$ h sind $\frac{3}{8}$ h.

Anwenden und Vernetzen

7 Die Erde ist etwa zu $\frac{2}{3}$ mit Wasser bedeckt.
Die Hälfte davon nimmt der Pazifische Ozean ein. Der Atlantische Ozean besitzt drei Zehntel und der Indische Ozean ein Fünftel der Wasserfläche.
Ermittle die jeweiligen Anteile der Ozeane an der gesamten Erdoberfläche.

Der Pazifische Ozean bedeckt $\frac{1}{2} \left(\frac{2}{3} \cdot \frac{1}{2} = \frac{1}{3} \right)$,

der Atlantische Ozean $\frac{1}{5}$ $\left(\frac{3}{10} \cdot \frac{2}{3} = \frac{1}{5} \right)$ und

der Indische Ozean $\frac{2}{15}$ $\left(\frac{2}{3} \cdot \frac{1}{5} = \frac{2}{15} \right)$ der Erdoberfläche.

8 Kevins Eltern wollen ihre 3 m breite und 4 m lange rechteckige Terrasse mit Platten auslegen. Nur Platten, die am Rand liegen, sollen notfalls zugeschnitten werden. Jede der Platten ist 40 cm breit und 60 cm lang.

a) Gib die Rechnung in Bruchschreibweise an. Trage gekürzte Brüche ein.

$$40\,cm \cdot 60\,cm = 0{,}24\,m^2$$
$$\frac{2}{5}\,m \cdot \frac{3}{5}\,m = \frac{6}{25}\,m^2$$

b) Berechne, wie viele Platten zum Auslegen der Terrasse mindestens benötigt werden.

$$A = 3\,m \cdot 4\,m = 12\,m^2$$
$$12\,m^2 : 0{,}24\,m^2 = 50$$

Es werden mindestens 50 Platten benötigt.

c) Zeichne die Terrasse mit Platten im Maßstab 1 : 50.
Hinweis: Mit den Platten können unterschiedliche Muster gelegt werden.

z. B.

3 m

4 m

Brüche dividieren

▶ Grundwissen

Ein Bruch wird durch einen Bruch dividiert, indem der Dividend mit dem Kehrwert des Divisors multipliziert wird.

Hinweis: Natürliche Zahlen können als Brüche mit dem Nenner 1 geschrieben werden.

Beispiele:

$\frac{4}{3} : \frac{5}{7} = \frac{4}{3} \cdot \frac{7}{5} = \frac{28}{15} = 1\frac{13}{15}$

$\frac{4}{3} : 2 = \frac{4}{3} \cdot \frac{1}{2} = \frac{4}{6} = \frac{2}{3}$

▶ **Auftrag:** Ergänze die Beispiele.

Trainieren

1 Bilde die Kehrwerte der Brüche.

a) Kehrwert von $\frac{7}{15}$ ist $\frac{15}{7}$.

b) Kehrwert von $\frac{7}{8}$ ist $\frac{8}{7}$.

c) Kehrwert von $1\frac{1}{3}$ ist $\frac{3}{4}$.

d) Kehrwert von 11 ist $\frac{1}{11}$.

e) Kehrwert von 3 ist $\frac{1}{3}$.

f) Kehrwert von $\frac{1}{4}$ ist 4.

2 Dividiere. Kürze, wenn möglich.

a) $\frac{1}{2} : \frac{1}{2} = \frac{1}{2} \cdot \frac{2}{1} = 1$

b) $\frac{3}{4} : \frac{1}{4} = \frac{3}{4} \cdot \frac{4}{1} = 3$

c) $\frac{6}{5} : \frac{2}{3} = \frac{6}{5} \cdot \frac{3}{2} = \frac{9}{5} = 1\frac{4}{5}$

d) $\frac{8}{9} : \frac{2}{3} = \frac{8}{9} \cdot \frac{3}{2} = \frac{4}{3} = 1\frac{1}{3}$

e) $\frac{16}{12} : \frac{4}{3} = \frac{16}{12} \cdot \frac{3}{4} = 1$

f) $\frac{32}{12} : \frac{16}{24} = \frac{32}{12} \cdot \frac{24}{16} = 4$

g) $\frac{21}{17} : 7 = \frac{21}{17} \cdot \frac{1}{7} = \frac{3}{17}$

h) $\frac{24}{16} : 12 = \frac{24}{16} \cdot \frac{1}{12} = \frac{1}{8}$

i) $\frac{121}{169} : 11 = \frac{121}{169} \cdot \frac{1}{11} = \frac{11}{169}$

j) $7 : \frac{2}{4} = 7 \cdot \frac{4}{2} = 14$

3 Berechne jeweils zuerst das Ergebnis der Aufgabe. Überprüfe danach mit der Umkehraufgabe dein Ergebnis.

a) $\frac{3}{10} : \frac{1}{2} = \frac{3}{10} \cdot \frac{2}{1} \left(= \frac{6}{10}\right) = \frac{3}{5}$

$\frac{3}{5} \cdot \frac{1}{2} = \frac{3}{10}$

b) $\frac{40}{63} : \frac{5}{7} = \frac{40}{63} \cdot \frac{7}{5} \left(= \frac{280}{315}\right) = \frac{8}{9}$

$\frac{8}{9} \cdot \frac{5}{7} = \frac{40}{63}$

c) $\frac{2}{13} : \frac{7}{3} = \frac{2}{13} \cdot \frac{3}{7} = \frac{6}{91}$

$\frac{6}{91} \cdot \frac{7}{3} = \frac{2}{13}$

Ergebnisse zum Abstreichen:

$\frac{11}{169}$	$\frac{4}{3}$
3	$\frac{1}{8}$
4	$\frac{3}{17}$
1	$1\frac{4}{5}$
1	14

4 Setze jeweils in gleiche Symbole gleiche Brüche ein und veranschauliche die Anteile.

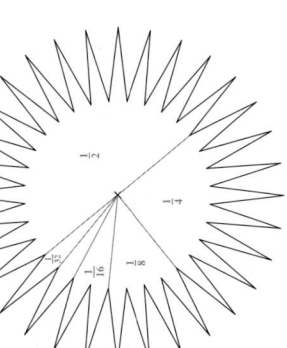

$1 : 2 = \frac{1}{2}$

$\frac{1}{2} : 2 = \frac{1}{4}$

$\frac{1}{8} : 2 = \frac{1}{16}$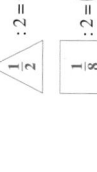

$\frac{1}{4} : 2 = \frac{1}{8}$

$\frac{1}{16} : 2 = \frac{1}{32}$

$\frac{1}{32} : \frac{1}{2} = \frac{1}{16}$

$\frac{1}{16} : \frac{1}{2} = \frac{1}{8}$

$\frac{1}{8} : \frac{1}{2} = \frac{1}{4}$

5 Ergänze den fehlenden Zähler und Nenner.

a) $28 : \frac{4}{\Box} = 7$

b) $\frac{16}{11} : \frac{4}{\Box} = \frac{4}{11}$

c) $\frac{1}{2} : \frac{5}{\Box} = \frac{1}{5}$

d) $\frac{3}{\Box} : 7 = \frac{3}{49}$

e) $\frac{5}{\Box} : \frac{5}{6} = 6$

f) $\frac{5}{\Box} : 1\frac{1}{4} = 4$

g) $\frac{2}{5} : \frac{3}{\Box} = \frac{2}{3}$

h) $\frac{7}{\Box} : \frac{4}{5} = \frac{7}{8}$

i) $1\frac{3}{4} : \frac{3}{\Box} = 3\frac{2}{3}$

6 Ergänze.

Dividend	$\frac{4}{5}$	$\frac{3}{2}$	$\frac{9}{4}$	$\frac{6}{7}$	$\frac{15}{8}$
Divisor	4	$\frac{1}{2}$	$\frac{3}{2}$	$\frac{3}{5}$	$\frac{5}{9}$
Quotient	$\frac{1}{5}$	3	$\frac{3}{2}=1\frac{1}{2}$	$\frac{10}{7}$	$\frac{27}{8}=3\frac{3}{8}$

Anwenden und Vernetzen

7 Ermittle jeweils das Ergebnis mithilfe einer Rechnung.
Hinweis: $1\,l = 1000\,ml$; $1\,kg = 1000\,g$; $1\,m = 100\,cm$

a) Eine Flasche enthält $\frac{3}{4}$ l Limonade. Es werden 4 Gläser gleich voll gefüllt und danach ist die Flasche leer. Wie viel Liter Limonade sind in jedem Glas?

$\frac{3}{4}\,l : 4 = \frac{3}{16}\,l$ (rund 188 ml)

Es sind etwa 0,188 l in jedem Glas.

b) Eine große Teekanne enthält $1\frac{3}{4}$ l Tee. Wie viele Tassen kann man davon mit je $\frac{1}{8}$ l Tee füllen?

$\frac{7}{4}\,l : \frac{1}{8}\,l = 14$

Man kann 14 Tassen mit Tee füllen.

c) $45\frac{1}{2}$ kg Fleischsalat werden in 375-g-Becher gefüllt. Wie viele Becher können gefüllt werden?

$\frac{91}{2}\,kg : \frac{3}{8}\,kg = 121\frac{1}{3}$

Man erhält 121 gefüllte Becher mit Fleischsalat.

d) Familie Reiselust fährt mit dem Zug zu den Großeltern. Sie fährt bereits 36 min. Das sind $\frac{3}{4}$ der gesamten Fahrzeit. Wie lange dauert die gesamte Fahrt?

$36\,min : \frac{3}{4} = 48\,min$

Die gesamte Fahrt dauert 48 min.

e) Möglichst viele 40 cm lange Stücke sollen von $10\frac{1}{2}$ m Schnur abgeschnitten werden. Wie lange Stücke kann man erhalten? Wie lang ist der Rest?

$10\frac{1}{2}\,m : 40\,cm = \frac{21}{2}\,m : \frac{4}{10}\,m = 26\frac{1}{4}$

26 Stücke kann man erhalten. Der Rest ist 25 cm lang.

Rechengesetze und Rechenregeln

▶ Grundwissen

Terme in Klammern	nach rechts	von links	vor Strichrechnung	zuerst	Punktrechnung

$\frac{3}{5} \cdot \frac{7}{11} + \frac{3}{5} \cdot \frac{2}{3}$ $\frac{3}{5} \cdot \frac{7}{11} + \frac{3}{5} \cdot \frac{2}{3}$ $\frac{3}{7} \cdot \frac{7}{11} + \frac{3}{5} \cdot \frac{2}{3}$ $\frac{3}{5} \cdot (\frac{7}{11} + \frac{2}{3})$ $\frac{3}{5} \cdot (\frac{7}{11} + \frac{2}{3})$ $(\frac{5}{11} + \frac{7}{11}) + \frac{2}{3}$

- Terme in Klammern werden zuerst berechnet.
- Punktrechnung geht vor Strichrechnung.
- Es wird von links nach rechts gerechnet, wenn keine andere Regel zu beachten ist.

- Kommutativgesetze: $\frac{3}{7} + \frac{7}{5} = \frac{7}{5} + \frac{3}{7}$ und $\frac{3}{5} \cdot \frac{7}{11} = \frac{7}{11} \cdot \frac{3}{5}$
- Assoziativgesetze: $\frac{3}{5} + (\frac{7}{11} + \frac{2}{3}) = (\frac{3}{5} + \frac{7}{11}) + \frac{2}{3}$ und $\frac{3}{5} \cdot (\frac{7}{11} \cdot \frac{2}{3}) = (\frac{3}{5} \cdot \frac{7}{11}) \cdot \frac{2}{3}$
- Distributivgesetz: $\frac{3}{5} \cdot (\frac{7}{11} + \frac{2}{3}) = \frac{3}{5} \cdot \frac{7}{11} + \frac{3}{5} \cdot \frac{2}{3}$

▶ **Auftrag:** Formuliere Rechenregeln bzw. Rechengesetze zu den Beispielen.

Trainieren

1 Gib mithilfe der Rechengesetze jeweils einen Ausdruck mit demselben Ergebnis an.
Zusatzaufgabe: Berechne alle Ergebnisse möglichst vorteilhaft.

z. B.
a) $\frac{7}{11} + \frac{12}{11} =$ _____ $\frac{12}{11} + \frac{7}{11}$ $\left(= \frac{19}{11}\right)$

b) $\frac{3}{5} + \frac{3}{4} =$ _____ $\frac{3}{4} + \frac{3}{5}$ $\left(= 1\frac{7}{20}\right)$

c) $\frac{5}{11} \cdot \frac{2}{5} =$ _____ $\frac{2}{5} \cdot \frac{5}{11}$ $\left(= \frac{2}{11}\right)$

d) $5\frac{1}{3} \cdot \frac{2}{5} =$ _____ $\frac{2}{5} \cdot 5\frac{1}{3}$ $\left(= 3\frac{5}{9}\right)$

e) $1\frac{1}{2} \cdot (\frac{3}{4} + \frac{1}{4}) =$ _____ $(1\frac{1}{2} \cdot \frac{1}{2}) + \frac{3}{4}$ $\left(= 2\frac{3}{4}\right)$

f) $\frac{7}{2} + 2\frac{3}{4} + \frac{1}{4} =$ _____ $\frac{7}{2} + (2\frac{3}{4} + \frac{1}{4})$ $\left(= 6\frac{1}{2}\right)$

g) $(\frac{8}{27} \cdot \frac{9}{31}) \cdot \frac{62}{9} =$ _____ $\frac{8}{27} \cdot (\frac{9}{31} \cdot \frac{62}{9})$ $\left(= \frac{16}{27}\right)$

h) $2\frac{3}{5} \cdot \frac{3}{5} \cdot \frac{5}{3} =$ _____ $2\frac{3}{5} \cdot (\frac{3}{5} \cdot \frac{5}{3})$ $\left(= 2\frac{3}{5}\right)$

i) $\frac{3}{4} \cdot (1\frac{4}{3}) =$ _____ $\frac{3}{4} \cdot 1 + \frac{3}{4} \cdot \frac{4}{3}$ $\left(= 1\frac{1}{4}\right)$

j) $(\frac{7}{5} \cdot \frac{2}{15}) \cdot 5 =$ _____ $\frac{7}{5} \cdot 5 \cdot \frac{2}{15}$ $\left(= 7\frac{2}{3}\right)$

k) $(\frac{2}{5} \cdot \frac{1}{5}) : \frac{1}{4} =$ _____ $\frac{2}{5} : \frac{1}{4} \cdot \frac{1}{5}$ $\left(= 3\frac{1}{5}\right)$

l) $\frac{10}{11} : (\frac{1}{2} - \frac{1}{3}) =$ _____ $\frac{10}{11} : \frac{1}{2} - \frac{10}{11} : \frac{1}{3}$ $\left(= 5\frac{5}{11}\right)$

2 Rechne möglichst vorteilhaft. Gib das Ergebnis, wenn möglich, als gemischte Zahl an.
a) $\frac{3}{4} + \frac{2}{3} + \frac{3}{4} =$ _____ $\frac{5}{3} = 1\frac{2}{3}$

b) $\frac{1}{4} + \frac{1}{12} + \frac{5}{12} =$ _____ $\frac{3}{4}$

c) $\frac{1}{5} + \frac{1}{15} + \frac{2}{5} =$ _____ $\frac{2}{5}$

d) $\frac{1}{7} + \frac{93}{12} + \frac{5}{12} - \frac{2}{14} =$ _____ $\frac{49}{6} = 8\frac{1}{6}$

e) $\frac{1}{5} \cdot \frac{15}{7} \cdot \frac{21}{15} =$ _____ $\frac{3}{5}$

f) $\frac{7}{4} \cdot \frac{11}{23} \cdot \frac{8}{7} =$ _____ $\frac{22}{23}$

g) $\frac{1}{4} \cdot \frac{18}{63} + \frac{18}{63} \cdot \frac{3}{4} =$ _____ $\frac{2}{7}$

h) $\frac{10}{7} \cdot \frac{61}{90} + \frac{4}{7} \cdot \frac{61}{90} =$ _____ $\frac{61}{45} = 1\frac{16}{45}$

i) $(\frac{1}{4} - \frac{3}{16}) : \frac{3}{8} + \frac{7}{4} =$ _____ $\frac{23}{12} = 1\frac{11}{12}$

j) $(\frac{1}{7} \cdot \frac{21}{2}) \cdot (\frac{5}{7} - \frac{1}{3}) =$ _____ $\frac{37}{28} = 5\frac{9}{28}$

3 Berechne das Ergebnis möglichst vorteilhaft.
$= (\frac{2}{3} \cdot \frac{1}{4}) + (\frac{3}{4} \cdot \frac{4}{3}) \cdot (\frac{1}{3} \cdot \frac{3}{5}) : ((\frac{1}{2} - \frac{1}{3}) - (\frac{1}{4} \cdot \frac{3}{2}) \cdot (\frac{1}{4} : 3 + \frac{3}{5} : 3)$

$= 1 + 1 \cdot \frac{1}{5} \cdot \frac{1}{2} \cdot (1 - \frac{1}{2}) \cdot (1 - \frac{1}{4} : \frac{1}{5}) = 1 + \frac{1}{5} \cdot \frac{1}{2} + \frac{1}{4} \cdot (\frac{1}{4} + \frac{1}{5}) = 1$

---

4 Bilde zu den Rechengesetzen passende Ausdrücke und berechne das Ergebnis.

Kommutativgesetz der Addition: $\frac{2}{5}$ □ + □ $\frac{2}{15} = \frac{2}{15} + \frac{2}{5} = \frac{2}{15} + \frac{6}{15} = \frac{8}{15}$

Kommutativgesetz der Multiplikation: $\frac{3}{7}$ □ · □ $\frac{5}{12} = \frac{5}{12} \cdot \frac{3}{7} = \frac{5}{28}$

Assoziativgesetz der Addition: $\frac{2}{9}$ □ + □ $\frac{1}{4}$ + $\frac{3}{4}$ = $\frac{2}{9} + (\frac{1}{4} + \frac{3}{4}) = \frac{2}{9} + 1 = 1\frac{2}{9}$

Assoziativgesetz der Multiplikation: $\frac{3}{7}$ □ · □ $\frac{3}{5}$ · $\frac{1}{2}$ = $\frac{3}{7} \cdot (\frac{3}{5} \cdot \frac{1}{2}) = \frac{3}{7} \cdot \frac{3}{10} = \frac{9}{70}$

Distributivgesetz: $\frac{3}{7}$ □ · □ $\frac{1}{8}$ + $\frac{3}{7}$ · $\frac{7}{8}$ = $\frac{3}{7} \cdot (\frac{1}{8} + \frac{7}{8}) = \frac{3}{7} \cdot 1 = \frac{3}{7}$

5 Bilde mit den Ziffern und einer Rechenoperation eine Aufgabe mit möglichst großem Ergebnis.
Hinweis: Rechne, wenn nötig, auf einem zusätzlichen Blatt.
Zusatzaufgabe: Bilde eine Aufgabe mit möglichst kleinem Ergebnis.

4	5	2	4
8	8	8	5

individuelle Lösung

$\frac{8}{2}$ □ · □ $\frac{5}{4}$ = 25 $\frac{5}{4}$

$\left(\frac{4}{8} - \frac{4}{8} + \frac{2}{5} - \frac{2}{5} = 0\right)$

Anwenden und Vernetzen

6 Insgesamt 45 t Kies werden für den Bau einer neuen Halle benötigt. 1 t Kies kostet jeweils 15 €.
In einzelnen Fuhren wurden bisher $8\frac{1}{2}$ t, $10\frac{3}{4}$ t, $9\frac{1}{2}$ t und $4\frac{1}{4}$ t Kies geliefert.
Diese Fuhren sind bereits bezahlt.
Wie viel ist für den restlichen Kies zu zahlen?

$45\,t - (8\frac{1}{2}t + 10\frac{3}{4}t + 9\frac{1}{2}t + 4\frac{1}{4}t) = 11\frac{3}{4}\,t$

$11\frac{3}{4} \cdot 15\,€ = 176\frac{1}{4}\,€$

Für den restlichen Kies sind 176,25 € zu zahlen.

7 Zeichne zu zwei Ergebnissen einen Weg im Labyrinth ein. Kein Raum darf dabei zweimal betreten werden.
Hinweis: Rechne, wenn nötig, auf einem zusätzlichen Blatt.
Zusatzaufgabe: Zeichne alle drei Wege im Labyrinth ein.

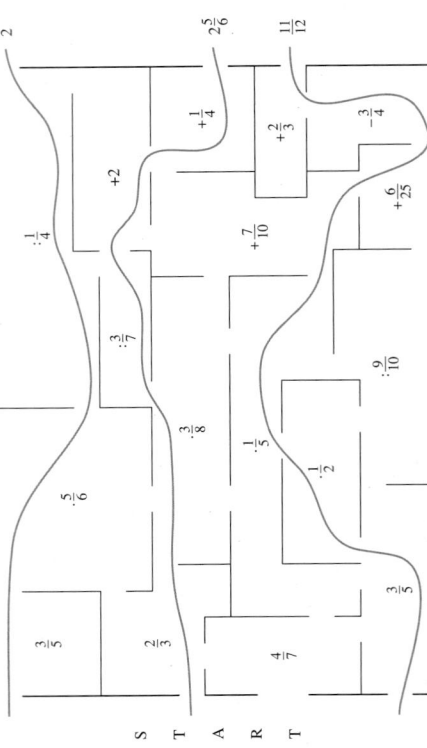

Winkel an Geradenkreuzungen

▶ Grundwissen

- Die Winkel α und γ sind ein Paar   **Scheitelwinkel.**
  Sie sind gleich groß.

- Die Winkel α und β sind ein Paar   **Nebenwinkel.**
  Sie sind zusammen 180° groß.

- Die Winkel α und δ sind ein Paar   **Wechselwinkel.**
  Sie sind an geschnittenen Parallelen gleich groß.

- Die Winkel α und ε sind ein Paar   **Stufenwinkel.**
  Sie sind an geschnittenen Parallelen gleich groß.

▶ **Auftrag:** Ergänze Fachbegriffe.

Trainieren

1 Scheitelwinkel und Nebenwinkel
a) Gib alle Scheitelwinkelpaare an. α_1 und α_4; α_2 und α_5; α_3 und α_6
b) Welche Winkel bilden zusammen Nebenwinkel von α_1? α_2 und α_3; α_5 und α_6

2 Gib alle Paare von Stufenwinkeln bzw. Wechselwinkeln an.

Paare von Stufenwinkeln: α_1 und β_3; α_2 und β_4; α_3 und β_1; α_4 und β_2

Paare von Wechselwinkeln: α_1 und β_1; α_2 und β_2; α_3 und β_3; α_4 und β_4

3 Winkel an geschnittenen Parallelen
a) Markiere entsprechende Winkel.
Lege zuvor die Farben fest.
☐ Scheitelwinkel zu δ_4 β_4
☐ Nebenwinkel zu α_1 β_1; δ_1
☐ Wechselwinkel zu β_2 δ_4
☐ Stufenwinkel zu γ_3 γ_1

b) Benenne die Winkelpaare.

α_3 und β_3 sind ein Paar   Nebenwinkel. γ_4 und α_2 sind ein Paar   **Wechselwinkel.**

δ_2 und β_2 sind ein Paar   Scheitelwinkel. γ_3 und α_3 sind ein Paar   **Scheitelwinkel.**

α_2 und α_4 sind ein Paar   Stufenwinkel. δ_2 und β_2 sind ein Paar   **Scheitelwinkel.**

γ_1 und α_3 sind ein Paar   Wechselwinkel. δ_2 und α_2 sind ein Paar   **Nebenwinkel.**

c) Stell dir vor, die Lage der Geraden – „der Holzlatten" – wird etwas verändert.
Dadurch ist keine mehr parallel zu einer anderen.
Welche Auswirkungen hat dies auf folgende Winkelpaare?

α_1 und δ_1 sind   weiterhin Nebenwinkel. Sie sind zusammen 180° groß. Die Größe von α_1 und δ_1 ändert sich.

α_2 und γ_4 sind   weiterhin Wechselwinkel. Sie haben jedoch nicht mehr die gleiche Größe.

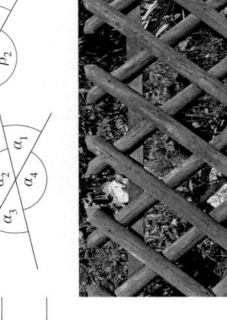

---

4 Buchstaben aus Paaren zueinander paralleler Strecken

a) Markiere Winkel, die so groß sind wie der blaue Winkel, im jeweiligen Buchstaben farbig.

b) Markiere in einer anderen Farbe Winkel, die jeweils mit dem blauen Winkel zusammen 180° ergeben.
Zusatzaufgabe: Begründe deine Entscheidungen.   individuelle Lösungen

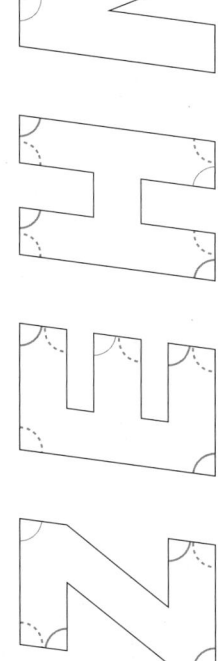

Anwenden und Vernetzen

5 Können die Angaben stimmen?

a) $\alpha_1 = 46°$; $\beta_1 = 134°$; $\gamma_1 = 46°$; $\delta_1 = 134°$ ☒ ja   ☐ nein
b) $\alpha_1 = 25°$; $\alpha_5 = 25°$; $\alpha_4 = 25°$ ☐ ja   ☒ nein
c) $\alpha_1 = 37°$; $\gamma_1 = 37°$; $\alpha_2 = 37°$; $\gamma_2 = 37°$ ☒ ja   ☐ nein
d) $\alpha_1 = 77°$; $\gamma_1 = 77°$; $\alpha_4 = 77°$; $\gamma_4 = 77°$ ☐ ja   ☒ nein
e) $\alpha_1 = 45°$; $\delta_1 = 125°$; $\alpha_5 = 45°$; $\beta_1 = 125°$ ☒ ja   ☐ nein
f) $\alpha_1 = 92°$; $\alpha_4 = 54°$; $\beta_1 = 88°$; $\beta_3 = 126°$ ☐ ja   ☒ nein

6 Die Geraden g und h sind parallel zueinander.
Berechne die Größe von α.
Hinweis: Zeichne eine weitere Gerade ein.

$\alpha = 25° + 35° = 60°$

7 Winkel in bzw. an Parallelogrammen und Trapezen

a) Zeichne jeweils zwei Geraden, sodass ein Parallelogramm und ein nicht gleichschenkliges Trapez entstehen.
Zähle die Anzahl der entstandenen Paare gleich großer Stufen- und Wechselwinkel.

① Parallelogramm   ② nicht gleichschenkliges Trapez

z. B.

Paare gleich großer Stufenwinkel: 16   Paare gleich großer Stufenwinkel: 8

Paare gleich großer Wechselwinkel: 16   Paare gleich großer Wechselwinkel: 8

b) In einem Parallelogramm ist ein Innenwinkel 60° groß. Berechne die Größen der anderen Innenwinkel.
Hinweis: Nutze die Zeichnung bei Teilaufgabe a.

Die anderen Innenwinkel sind 120°, 60° und 120° groß.

Benennung von Dreiecken

▶ Grundwissen

Einteilung nach den Seiten und Winkeln

Beispiele:

- Jedes gleichseitige Dreieck hat __drei gleich lange__ Seiten.
- Jedes gleichschenklige Dreieck hat __zwei gleich lange__ Seiten.
- Jedes unregelmäßige Dreieck hat __drei unterschiedlich lange__ Seiten.
- Jedes spitzwinklige Dreieck hat __drei spitze__ Winkel.
- Jedes rechtwinklige Dreieck hat __einen rechten__ Winkel.
- Jedes stumpfwinklige Dreieck hat __einen stumpfen__ Winkel.

▶ **Auftrag:** Ergänze die Sätze.

Trainieren

1 Markieren von Dreiecken

a) Markiere rechts entsprechende Dreiecke.
Lege zuvor die Farben fest.
- ☐ gleichseitiges Dreieck   g
- ☐ gleichschenkliges Dreieck b
- ☐ unregelmäßiges Dreieck   r

b) Markiere rechts entsprechende Dreiecke.
Lege zuvor die Farben fest.
- ☐ spitzwinklige Dreiecke   r
- ☐ rechtwinklige Dreiecke   b
- ☐ stumpfwinklige Dreiecke   g

2 Ergänze die Tabelle.
Zusatzaufgabe: Was fällt in der letzten Spalte auf? Wieso ist das so?

	unregel-mäßiges Dreieck	gleich-schenkliges Dreieck	gleich-seitiges Dreieck
spitz-winkliges Dreieck	△MNO △STU	△PQR (△JKL)	△JKL
recht-winkliges Dreieck	△DEF	△ABC	
stumpf-winkliges Dreieck	△GHI	△VWX	

3 Ergänze die fehlenden Koordinaten.
Hinweis: Vergleicht die Vorschläge untereinander.

a) Dreieck ABC ist spitzwinklig und nicht gleichschenklig mit   z. B.   C(4 | 6).

b) Dreieck ABC ist spitzwinklig und gleichschenklig mit   z. B.   C(4,5 | 12).

c) Dreieck ABC ist stumpfwinklig und nicht gleichschenklig mit   z. B.   C(10 | 11).

d) Dreieck ABC ist rechtwinklig und gleichschenklig mit   z. B.   C(2 | 8).

e) Dreieck ABC ist rechtwinklig und nicht gleichschenklig mit   z. B.   C(2 | 10).

Anwenden und Vernetzen

4 Dreiecke aus Münzen

a) Auf einem Tisch liegen 12 Münzen. Skizziere alle unterschiedlich großen gleichseitigen Dreiecke, die aus den vorhandenen Münzen gelegt werden können.

zu a)

b) Wie viele Münzen sind jeweils mindestens umzulegen, damit alle „Spitzen" in eine andere Richtung zeigen? Schreibe die Anzahl an die Skizze.

zu b)

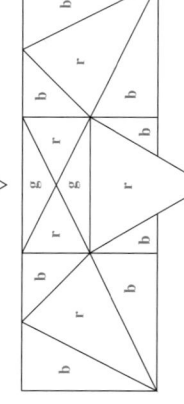 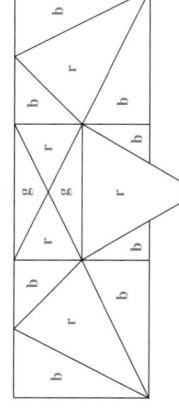

1   2   4

5 Suchen und Entdecken von Figuren

a) Gib die jeweilige Anzahl der Dreiecke einer Art an.

- gleichseitige Dreiecke   6
- gleichschenklige Dreiecke   4 (bzw. 4 + 6)
- unregelmäßige Dreiecke   12
- rechtwinklige Dreiecke   12
- spitzwinklige Dreiecke   6
- stumpfwinklige Dreiecke   4
- Dreiecke insgesamt   22

b) Schreibe möglichst viele Arten von Figuren auf, die ebenfalls zu entdecken sind.
z. B.
Rechtecke; Rauten; Parallelogramme; Drachen; Trapeze; Fünfecke; Sechsecke

individuelle Lösung (Innenwinkelsumme)

Innenwinkelsumme im Dreieck und im Viereck

▶ **Grundwissen**

• In jedem Dreieck beträgt die Innenwinkelsumme __180°__.

Beispiel: $\alpha + \beta + \gamma = 50° + 30° + 100° = $ __180°__

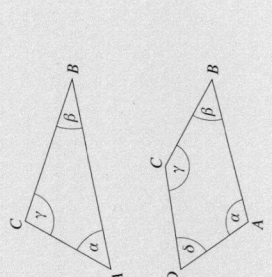

• In jedem Viereck beträgt die Innenwinkelsumme __360°__.

Beispiel: $\alpha + \beta + \gamma + \delta = 110° + 45° + 140° + 65° = $ __360°__

▶ **Auftrag:** Ergänze die Innenwinkelsummen.

Trainieren

1 Miss die Größen der Innenwinkel und bilde jeweils deren Summe.

$50° + 60° + 70° = 180°$

$60° + 60° + 60° = 180°$

$90° + 45° + 45° = 180°$

$110° + 140° + 40° + 70° = 360°$

$125° + 60° + 125° + 50° = 360°$

$142° + 38° + 142° + 38° = 360°$

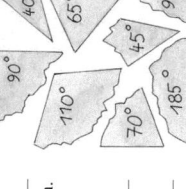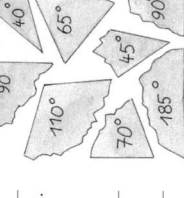

2 Ermitteln von Innenwinkelsummen durch Abreißen von Ecken

a) Schneide ein beliebiges Viereck aus, reiße die Ecken ab und lege sie Spitze an Spitze aneinander. Was für einen Winkel bilden die Ecken zusammen? (360°)
Zusatzaufgabe: Probiere es mit verschiedenartigen Dreiecken und (180°) auch Dreiecken oder Sechsecken aus. (720°)

Die Ecken bilden einen 360° großen Winkel (Vollwinkel).

b) Gib die Größen der Winkel an, die zu einem Dreieck oder einem Viereck gehören können. Finde, wenn möglich, jeweils zwei Lösungen.

Dreiecke: __$70° + 65° + 45° = 180°$__

Vierecke: __$90° + 90° + 70° + 110° = 360°$__   __$185° + 70° + 65° + 40° = 360°$__

3 Berechne die fehlenden Winkelgrößen der Dreiecke.

α	120°	65°	86°	112°	57°	73°
β	30°	65°	30°	63°	99°	39°
γ	30°	50°	64°	5°	24°	68°

4 Berechne die fehlenden Winkelgrößen der Vierecke.

α	170°	52°	95°	95°	90°	52°
β	85°	185°	100°	95°	90°	18°
γ	85°	23°	55°	85°	90°	256°
δ	20°	100°	110°	85°	90°	34°

Anwenden und Vernetzen

5 Beurteile die Aussagen. Begründe deine Entscheidung.

Antje schrieb: „Es gibt ein gleichschenkliges Dreieck, in dem zwei Winkel 95° groß sind."

$95° + 95° = 190° > 180°$ Die Innenwinkelsumme kann nicht größer als 180° sein.

☐ wahr ☒ falsch

Hanna schrieb: „Es gibt ein Dreieck, in dem alle Winkel kleiner als 50° sind."

$3 \cdot 50° = 150° < 180°$ Die Innenwinkelsumme kann nicht kleiner als 180° sein.

☐ wahr ☒ falsch

Felix schrieb: „Es gibt ein Viereck, in dem alle Winkel 90° groß sind."

$4 \cdot 90° = 360°$ Die Innenwinkelsumme beträgt 360°. (Quadrat; Rechteck)

☒ wahr ☐ falsch

Elise schrieb: „Es gibt ein Viereck, in dem jeweils zwei Winkel gleich groß sind."

z. B. Quadrat; Rechteck; Raute (Rhombus); Parallelogramm; gleichschenkliges Trapez

☒ wahr ☐ falsch

6 Beschreibe, wie die Innenwinkelsumme relativ schnell bestimmt werden kann, und gib diese an.
Hinweis: Zeichne Linien ein.

z. B.

Das 10-Eck wird in 10 Dreiecke zerlegt, deren gemeinsame Ecke der Mittelpunkt ist.

$(10 \cdot 180°) - 360° = 1440°$ Die Innenwinkelsumme beträgt 1440°.

Argumentieren in der Geometrie

▶ **Grundwissen**

- Für den Nachweis, dass eine Aussage falsch ist, bedarf es nur eines Gegenbeispiels.
  Beispiel für eine falsche Aussage:
  „In jedem Dreieck beträgt die Innenwinkelsumme 200°."
  Gegenbeispiel: $30° + 90° + 60° = 180° \neq 200°$

- Für den Nachweis, dass eine Aussage wahr ist, bedarf es einer mathematischen Begründung (eines Beweises).
  Beispiel für eine wahre Aussage:
  „Zwei benachbarte Winkel in einem Parallelogramm sind zusammen 180° groß."
  Voraussetzung: α und δ sind zwei benachbarte Winkel in einem Parallelogramm.
  Behauptung: $\alpha + \delta = 180°$
  Beweis: Die zueinander parallelen Seiten a und c werden von der Geraden d geschnitten.
  Somit gilt $\alpha = \alpha'$ (Stufenwinkelsatz) und $\delta + \alpha' = 180°$ (Nebenwinkelsatz).
  Somit gilt auch $\delta + \alpha = 180°$. Was zu zeigen war, d. h., die Aussage ist __wahr__.

▶ Auftrag: Ergänze das Beispiel.

Trainieren

1 Markiere zuerst jeweils die Voraussetzung und die Behauptung. ☐ Voraussetzung ☐ Behauptung
Widerlege danach jede Behauptung mit einem Gegenbeispiel.

a) Elisa sagt:
„Wenn ein Dreieck rechtwinklig ist, dann ist es auch gleichschenklig."
z. B.
Gegenbeispiel: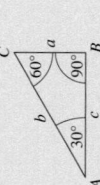

b) Nele sagt:
„In jedem stumpfen Dreieck sind zwei Winkel gleich groß."
Gegenbeispiel: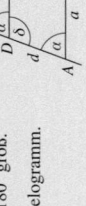

c) Maoris sagt:
„Wechselwinkel an geschnittenen Geraden sind gleich groß."
Gegenbeispiel:

2 Vervollständige die Zeichnung und den Beweis.
„In jedem Dreieck beträgt die Summe der Innenwinkel 180°."
Voraussetzung: α, β und γ sind Innenwinkel eines Dreiecks und Gerade e geht parallel zu c durch den Punkt C.
Behauptung: $\alpha + \beta + \gamma = 180°$
Beweis: $\alpha' + \beta' + \gamma = 180°$ (Gestreckte Winkel sind 180° groß.)
$\alpha = \alpha'$ und $\beta = \beta'$ (Wechselwinkel an geschnittenen Parallelen sind gleich groß.)
Somit gilt $\alpha + \beta + \gamma = 180°$. Was zu zeigen war, d. h., die Aussage ist wahr.

3 Vervollständige die Zeichnungen und die Beweise.

a) „In jedem Viereck beträgt die Innenwinkelsumme 360°."
Voraussetzung: Fläche $ABCD$ ist ein Viereck mit der Diagonalen $\overline{AC}$.
Behauptung: $\alpha + \beta + \gamma + \delta = 360°$
Beweis: $\alpha_2 + \beta + \gamma_1 = 180°$ und (Innenwinkelsumme im Dreieck)
$\alpha_1 + \gamma_2 + \delta = 180°$ (Innenwinkelsumme im Dreieck)
$(\alpha_2 + \beta + \gamma_1) + (\alpha_1 + \gamma_2 + \delta) = (\alpha_1 + \alpha_2) + \beta + (\gamma_1 + \gamma_2) + \delta = 180° + 180° = 360°$
Somit gilt $\alpha + \beta + \gamma + \delta = 360°$. Was zu zeigen war, d. h., die Aussage ist wahr.

b) „In jedem Fünfeck beträgt die Innenwinkelsumme 540°."
Voraussetzung: Fläche $ABCDE$ ist ein Fünfeck mit der Diagonalen $\overline{CE}$.
Behauptung: $\alpha + \beta + \gamma + \delta + \varepsilon = 540°$
Beweis: $\gamma_1 + \beta + \varepsilon_2 = 360°$ und (Innenwinkelsumme im Viereck)
$\gamma_2 + \delta + \varepsilon_1 = 180°$ (Innenwinkelsumme im Dreieck)
$(\alpha + \beta + \gamma_1 + \varepsilon_2) + (\gamma_2 + \delta + \varepsilon_1) = \alpha + \beta + (\gamma_1 + \gamma_2) + \delta + (\varepsilon_1 + \varepsilon_2) = 360° + 180° = 540°$
Somit gilt $\alpha + \beta + \gamma + \delta + \varepsilon = 540°$. Was zu zeigen war, d. h., die Aussage ist wahr.

Anwenden und Vernetzen

4 Aufgepasst beim Grundstückskauf!

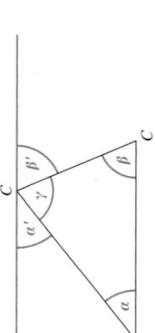

a) Übertrage Fläche ① auf ein zusätzliches Blatt und lege damit Fläche ②.

b) Ermittle die Größen beider Flächen im Maßstab 200 : 1.
Fläche ① ist 6400 m² groß und Fläche ② 6500 m².

c) Was stimmt hier nicht? Warum?
z. B.
$64 \neq 65$ (bzw. 6400 m² $\neq$ 6500 m²) Die Flächen sollten gleich groß sein.
Bei der Linie, die anscheinend eine „Diagonale des Rechtecks" ist,
gibt es eine 1 cm (bzw. 100 m²) große Lücke. Sie ist geknickt, da $\alpha \neq \beta$.

d) Zusatzaufgabe: Ermittle, um wie viel Prozent Fläche ① kleiner ist als Fläche ②
und um wie viel Prozent Fläche ② größer ist als Fläche ①.
$100\% - \frac{64}{65} \approx 1{,}54\%$ Fläche ① ist rund 1,54 % kleiner als Fläche ②.
$\frac{1}{64} \approx 1{,}56\%$ Fläche ② ist rund 1,56 % größer als Fläche ①.

Mittelsenkrechte und Winkelhalbierende

▶ Grundwissen

- Auf der Mittelsenkrechten einer Strecke AB liegen alle Punkte, die von den Punkten A und B den gleichen Abstand haben.

  Die Mittelsenkrechten der Seiten eines Dreiecks schneiden einander im Mittelpunkt des Umkreises des Dreiecks.

  Beispiel:

  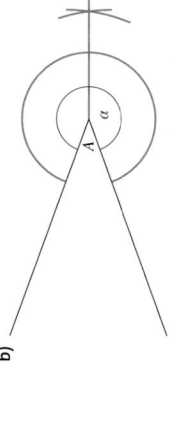

- Auf der Winkelhalbierenden eines Winkels liegen alle Punkte, die von den Schenkeln des Winkels den gleichen Abstand haben.

  Die Winkelhalbierenden der Winkel eines Dreiecks schneiden einander im Mittelpunkt des Inkreises des Dreiecks.

  Beispiel:

▶ **Auftrag:** Ergänze in der Zeichnung die Mittelsenkrechte bzw. die Winkelhalbierende.

Trainieren

1 Konstruiere jeweils die Mittelsenkrechte.

a)

b)

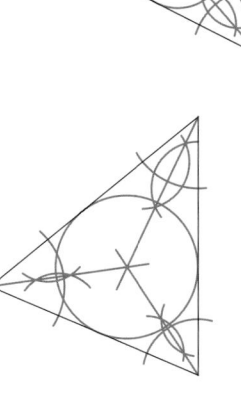

2 Konstruiere jeweils die Mittelsenkrechten aller Seiten des Dreiecks und den Umkreis.

Zusatzaufgabe: Untersuche, wie die Lage des Umkreises von der Dreiecksart abhängt.

Der Mittelpunkt des Umkreises liegt bei spitzwinkligen Dreiecken im Inneren der Dreiecke, bei stumpfwinkligen Dreiecken außerhalb der Dreiecke und bei rechtwinkligen Dreiecken auf der längsten Seite.

spitzwinkliges Dreieck   stumpfwinkliges Dreieck   rechtwinkliges Dreieck

---

3 Konstruiere jeweils die Winkelhalbierende.

a)

b)

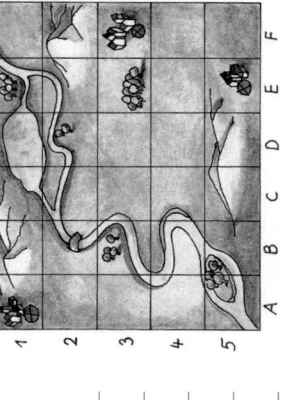
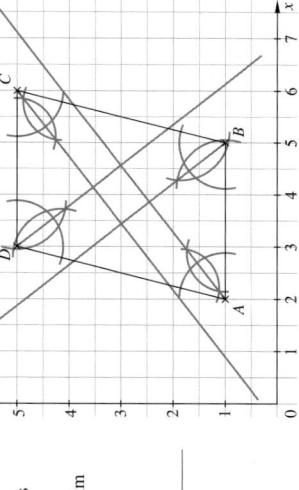

4 Konstruiere jeweils die Winkelhalbierenden der Winkel des Dreiecks und den Inkreis.

spitzwinkliges Dreieck   stumpfwinkliges Dreieck   rechtwinkliges Dreieck

Anwenden und Vernetzen

5 Ein Rettungshubschrauber soll so stationiert werden, dass er die drei eingezeichneten Orte gleich schnell erreichen kann. Schlage einen Standort vor und begründe deine Entscheidung.

Die drei Orte bilden ein Dreieck. _____

Der Rettungshubschrauber sollte im Schnittpunkt der _____

Mittelsenkrechten des Dreiecks stationiert werden. _____

Dieser Schnittpunkt liegt im Bereich C 3. _____

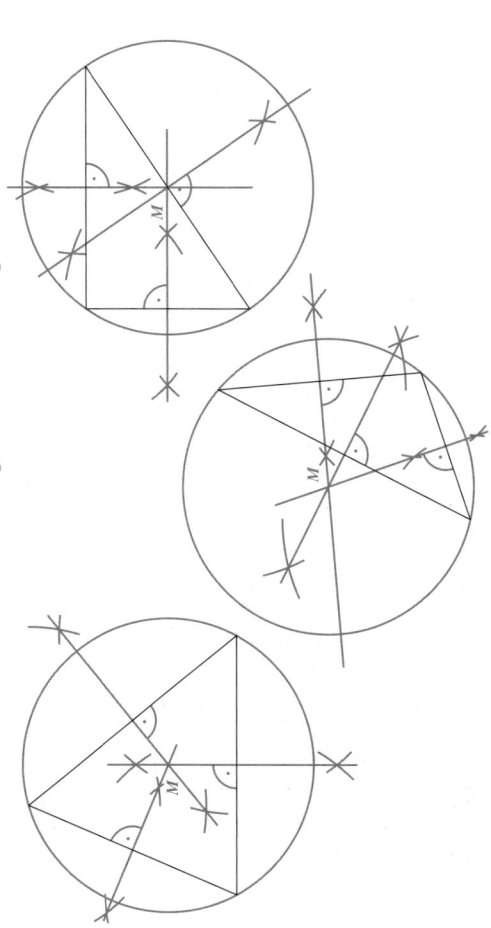

6 Parallelogramm

a) Zeichne die Winkelhalbierende jedes Winkels des Parallelogramms ein.

b) Teile der Winkelhalbierenden bilden ein Viereck im Inneren des Parallelogramms. Was für ein Viereck ist es?

Rechteck _____

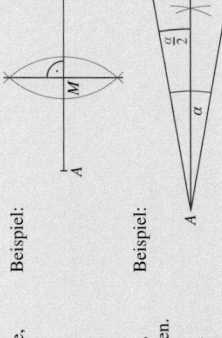
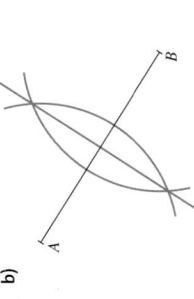

Proportionale Zuordnungen

▶ **Grundwissen**
- Bei proportionalen Zuordnungen folgt aus der Verdopplung, der Verdreifachung, … einer Größe die Verdopplung, die Verdreifachung, … der zugeordneten Größe.
- Der Quotient aus dem zugeordneten Wert und dem vorgegebenen Wert ist stets gleich. Der Quotient heißt Proportionalitätsfaktor.
- Trägt man die geordneten Paare in ein Koordinatensystem ein, so liegen die Punkte auf einer Halbgeraden (Strahl), die vom Ursprung des Koordinatensystems ausgeht.

Beispiel:

Anzahl der Brötchen	3	12	1
Preis in Euro	0,90 €	3,60 €	0,30 €

·4 :12

Der Proportionalitätsfaktor ist 0,3.

▶ **Auftrag:** Vervollständige das Beispiel.

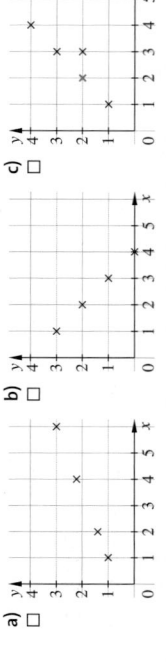

Trainieren

1 Kreuze die Tabellen zu proportionalen Zuordnungen an.
Zusatzaufgabe: Verändere bei einer Zuordnung einen y-Wert, sodass eine proportionale Zuordnung entsteht.

a) ☒

x	1	2	3	4
y	2	4	6	8

b) ☐

x	1	2	3	4
y	3	4	5	6

c) ☒

x	0	1	2	3
y	0	3	6	9

d) ☐

x	10	20	30	45
y	2	4	6	8

7

2 Ergänze die Tabellen zu proportionalen Zuordnungen. Gib die Proportionalitätsfaktoren an.

a)

Super in l	1	10	20	30
Preis in €	1,5	15	30	45

Der Proportionalitätsfaktor ist 1,5.

b)

Zeit in min	1	20	40	50
Wasser in l	1,40	28	56,00	70,00

Der Proportionalitätsfaktor ist 1,4.

c)

Arbeitszeit in h	10	20	30	40
Lohn in €	90	180	270	360

Der Proportionalitätsfaktor ist 9.

d)

Silber in cm³	5	10	30	40
Masse in g	52,5	105	315	420

Der Proportionalitätsfaktor ist 10,5.

3 Kreuze die Koordinatensysteme mit proportionalen Zuordnungen an.
Zusatzaufgabe: Verändere bei einer Zuordnung einen Punkt, sodass eine proportionale Zuordnung entsteht.

a) ☐ b) ☐ c) ☐ d) ☒

4 Veranschauliche die Zuordnungen im Koordinatensystem und entscheide jeweils, ob sie proportional ist.

a)

x	1	2	3	4	5	6
y	0,5	1	1,5	2	2,5	3

Proportionalität liegt … ☒ vor ☐ nicht vor

b)

x	1	2	3	4	5	6
y	2	3	3,5	4	5	5,5

Proportionalität liegt … ☐ vor ☒ nicht vor

c)

x	1	2	3	4	5	6
y	1,5	2	2,5	3	3,5	4

Proportionalität liegt … ☐ vor ☒ nicht vor

Anwenden und Vernetzen

5 Einwohnerzahlen einiger großer Städte

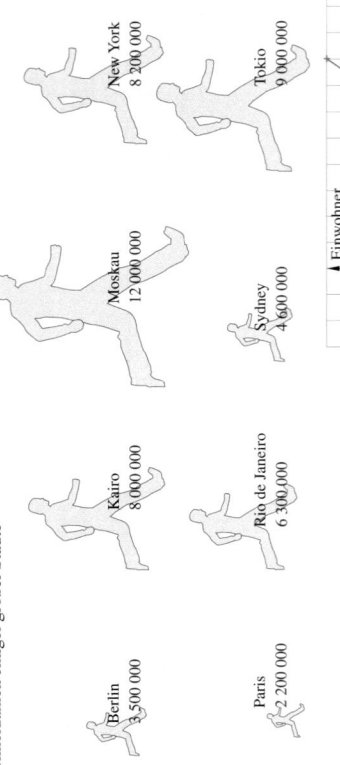

Berlin 3 500 000
New York 8 200 000
Moskau 12 000 000
Kairo 8 000 000
Tokio 9 000 000
Sydney 4 600 000
Rio de Janeiro 6 300 000
Paris 2 200 000

a) Veranschauliche die Zuordnung
Höhe der Person → Einwohnerzahl.
Woran ist zu erkennen, dass sie proportional ist?

Die eingezeichneten Punkte liegen auf einem

Strahl, der vom Ursprung des Koordinaten-

systems ausgeht.

Ermittle den Proportionalitätsfaktor.
z. B.
9 000 000 : 3 = 3 000 000

Der Proportionalitätsfaktor ist 3 000 000.

b) Max sagt: „Es sieht so aus, als ob Berlin mehr als doppelt so viele Einwohner wie Paris hat. Wie kommt das?"
z. B.
Die Person wird höher und breiter. Die Zuordnung der Flächen zur Einwohnerzahl ist nicht proportional.
Wären gleich breite Streifen mit unterschiedlicher Höhe abgebildet worden, gäbe es diesen Eindruck nicht.

Antiproportionale Zuordnungen

▶ Grundwissen

- Bei antiproportionalen Zuordnungen folgt aus der Verdopplung, der Verdreifachung, ... einer Größe die Halbierung, die Drittelung, ... der zugeordneten Größe.
- Das Produkt aus dem zugeordneten Wert und dem vorgegebenen Wert ist stets gleich.
- Trägt man die geordneten Paare in ein Koordinatensystem ein, so liegen die Punkte auf einer gekrümmten fallenden Linie (Teil einer Hyperbel).

Beispiel:

Anzahl der Maler	2	3	6
Arbeitszeit in h	6	4	2

·1,5   :2

Das Produkt der einander zugeordneten Werte ist 12.

Trainieren

1 Kreuze die Tabelle zu antiproportionalen Zuordnungen an.
Zusatzaufgabe: Verändere bei einer Zuordnung einen y-Wert, sodass eine antiproportionale Zuordnung entsteht.

a) ☒

x	1	2	4	8
y	8	4	2	1

b) ☐

x	1	2	3	6
y	6	3	5	1

2

c) ☒

x	1	2	4	32
y	32	16	8	1

d) ☐

x	2	5	7	11
y	2	5	7	11

2 Ergänze die Tabellen zu antiproportionalen Zuordnungen. Gib die Produkte der einander zugeordneten Werte an.

a)

Anzahl der Schüler	1	2	4	5
Preis pro Schüler in €	100	50	25	20

Das Produkt einander zugeordneter Werte ist 100.

b)

Anzahl der Arbeiter	1	2	5	15
Arbeitsdauer in h	30	15	6	2

Das Produkt einander zugeordneter Werte ist 30.

c)

Anzahl der Tiere	120	100	80	60
Futtervorrat in Tagen	2	2,4	3	4

Das Produkt einander zugeordneter Werte ist 240.

d)

Verbrauch pro 100 km in l	10	5	6	40
Fahrstrecke in km	84	168	140	21

Das Produkt einander zugeordneter Werte ist 840.

3 Kreuze die Koordinatensysteme mit antiproportionalen Zuordnungen an.

a) ☒   b) ☒   c) ☐   d) ☐

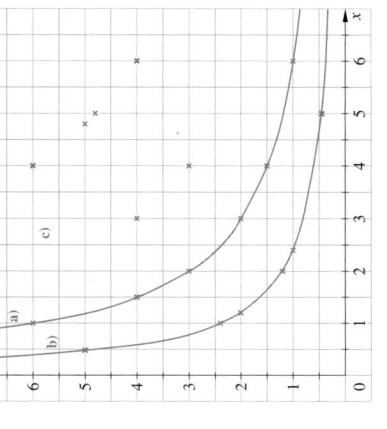

4 Veranschauliche die Zuordnungen und entscheide jeweils mithilfe der Tabelle, ob sie antiproportional ist.

a)

x	6	4	3	2	1,5	1
y	1	1,5	2	3	4	6

Antiproportionalität liegt ...   ☒ vor   ☐ nicht vor

b)

x	0,48	1	1,2	2	2,4	5
y	5	2,4	2	1,2	1	0,48

Antiproportionalität liegt ...   ☒ vor   ☐ nicht vor

c)

x	3	4	4,8	5	6	4
y	4	3	5	4,8	4	6

Antiproportionalität liegt ...   ☐ vor   ☒ nicht vor

Anwenden und Vernetzen

5 1 000 Schulbücher werden verpackt.
In jedes Paket legt man gleich viele Bücher.

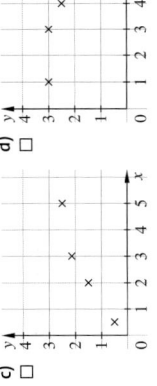

a) Ergänze die Tabelle.

Anzahl der Pakete	2	4	5	8	10	25	40	50	100
Anzahl der Bücher in einem Paket	500	250	200	125	100	40	25	20	10

b) Schätze, welche Pakete aus Teilaufgabe a du tragen kannst.
z. B. Ein Mathematikbuch wiegt 500 g bis 700 g.   40 · 500 g = 20000 g = 20 kg
$40 \cdot 700\,g = 28000\,g = 28\,kg$
Vermutlich kannst du ein Paket mit bis zu 40 Mathematikbüchern tragen.

4 Entscheide, ob die folgenden Zuordnungen proportional (p) oder antiproportional (a) oder nichts von beidem sind.
Begründe deine Entscheidungen.

a) Größe eines Feldes → Ernteertrag
z. B.
Die Zuordnung ist proportional, wenn die Bedingungen (z. B. die Bodenqualität) überall gleich sind.   ☒ p   ☐ a

b) Geschwindigkeit → benötigte Fahrzeit
z. B.
Die Zuordnung ist antiproportional, wenn stets gleich schnell gefahren wird.   ☐ p   ☒ a

c) Körpergröße eines Menschen → Masse eines Menschen
z. B.
Die Zuordnung ist weder proportional noch antiproportional. Es gibt schwere und leichte große Menschen.   ☐ p   ☐ a

d) Größe der Konservenbüchsen → benötigte Anzahl der Konservenbüchsen
z. B.
Die Zuordnung ist antiproportional, wenn alle Konservenbüchsen das gleiche Volumen (Größe des Inhalts) haben.   ☐ p   ☒ a

Dreisatz

▶ Grundwissen

- Bei proportionalen und antiproportionalen Zuordnungen können Werte mithilfe des Dreisatzes ermittelt werden.

Beispiele:

Proportionale Zuordnung

Anzahl der Brötchen	Preis in Euro
12	4,80
1	0,40
7	2,80

:12 :12 ·7 ·7

Antiproportionale Zuordnung

Anzahl der Maschinen	Arbeitsdauer in h
7	20
1	140
5	28

:7 ·7 ·5 :5

- Schritte beim Dreisatz:
  ① Schreibe das gegebene Wertepaar auf.
  ② Berechne den Wert für eine Einheit.
  ③ Berechne den gesuchten Wert.

▶ **Auftrag:** Ergänze die Tabellen mithilfe des Dreisatzes.

Trainieren

1 Ergänze die Tabellen zu proportionalen Zuordnungen.
Hinweis: Zeichne wie im Grundwissen Pfeile ein.

a)

Anzahl der Brötchen	Preis in Euro
7	3,5
1	0,50

b)

Anzahl der Brötchen	Preis in Euro
1	0,45
10	4,50

c)

Anzahl der Brötchen	Preis in Euro
11	3,30
1	0,30

d)

Menge in l	Preis in €
3	3,63
1	1,21
8	9,68

e)

Zeit in h	Gebühr in €
3	1,50
1	0,50
7	3,50

f)

Anzahl der Teile	Masse in kg
8	9,6
1	1,2
6	7,2

2 Ergänze die Tabellen zu antiproportionalen Zuordnungen.
Hinweis: Zeichne wie im Grundwissen Pfeile ein.

a)

Anzahl der Maschinen	Arbeitsdauer in h
10	5
1	50

b)

Anzahl der Maschinen	Arbeitsdauer in h
1	12
3	4

c)

Anzahl der Maschinen	Arbeitsdauer in h
7	5
1	35

d)

Anzahl der Lkw	Arbeitsdauer in h
5	4
1	20
2	10

e)

Anzahl der Drucker	Arbeitsdauer in h
2	4
1	8
5	1,6

f)

Anzahl der Maurer	Arbeitsdauer in h
15	6
1	90
9	10

3 Entscheide zuerst, ob es eine proportionale oder antiproportionale Zuordnung ist. Löse die Aufgaben danach mithilfe des Dreisatzes.

a) Der Futtervorrat reicht für 2 Katzen 15 Tage. Nach wie vielen Tagen ist er aufgebraucht, wenn eine dritte Katze mitgefüttert wird?

Anzahl der Katzen	Futtervorrat in Tagen
2	15
1	30
3	10

Bei 3 Katzen ist der Vorrat nach 10 Tagen aufgebraucht.

b) 7 Schälchen des Katzenfutters kosten 3,43 €. Wie viel kosten 10 Schälchen?

Anzahl der Schälchen	Preis in €
7	3,43
1	0,49
10	4,90

10 Schälchen Katzenfutter kosten 4,90 €.

Anwenden und Vernetzen

4 Wende den Dreisatz an.

a) Sara, Lena, Emilie, Lara und Johanna wollen mit einem 5-Personen-Ticket für 14,50 € fahren.
Sara soll den Betrag für Lena und Emilie auslegen und für sich selbst bezahlen. Johanna übernimmt den Rest.
Wie viel zahlt Sara und wie viel Johanna?

Personen	Preis in €
5	14,50
1	2,90
3	8,70

Sara zahlt 8,70 €. Johanna zahlt 5,80 € (= 2 · 2,90 €).

b) Schüler wollen für eine Theateraufführung 4 Reihen mit je 24 Stühlen aufstellen. Es sollen aber entweder 6, 8 oder 12 Reihen aufgestellt werden. Wie viele Stühle sollten sie in jede Reihe stellen?
z. B.

Anzahl der Reihen	Stühle je Reihe
4	24
1	96
6	16

Damit alle gut sehen können, sollten es 6 Reihen mit je 16 Stühlen sein.

c) Aus 20 l Milch lässt sich rund 1 kg Butter herstellen. Wie viel Liter Milch werden für ein Stück Butter (250 g) benötigt?

Butter in g	Milch in l
1000	20
1	0,02
250	5

Ein Stück Butter entsteht aus rund 5 l Milch.

5 Mit einem Zug wird bei einer Durchschnittsgeschwindigkeit von 100 km pro Stunde ein Ziel nach 24 h erreicht.

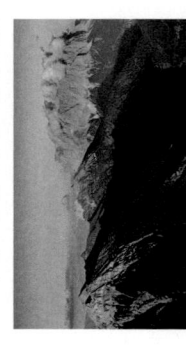

a) Wie lange würde es dauern, bis ein Flugzeug mit einer Durchschnittsgeschwindigkeit von 900 km pro Stunde einen gleich langen Weg zurückgelegt hat?

Geschwindigkeit in $\frac{km}{h}$	Zeit in h
100	24
1	2400
900	$2\frac{2}{3}$

Das Flugzeug benötigt 2 h 40 min.

b) Lukas sagt: „Das Flugziel liegt vermutlich nicht in Deutschland." Hat er recht? Begründe deine Meinung.

2400 km können bei einer relativ geradlinigen Flugroute über Deutschland nicht zurückgelegt werden.

c) Ein Flugzeug überfliegt mit 900 km pro Stunde die Zugspitze. Wie weit ist das Flugzeug nach 20 Minuten davon entfernt?
z. B.
$20 \text{ min} = \frac{1}{3} \text{ h}$ $\frac{1}{3}$ von 900 km sind 300 km.

Die Orte liegen bis zu 300 km von der Zugspitze entfernt.

Konstruktion von Dreiecken — WSW und SWS

▶ Grundwissen

• Wenn zwei Dreiecke in einer Seite und beiden anliegenden Winkeln übereinstimmen, dann sind sie zueinander kongruent (WSW). Die entsprechende Konstruktion ist eindeutig ausführbar.

Beispiel (WSW): Dreieck ABC mit $c = 3$ cm; $\alpha = 20°$ und $\beta = 50°$

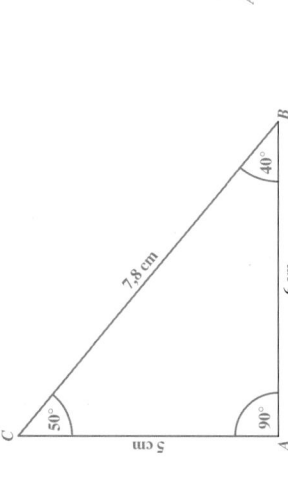

1. Zeichne $c = 3$ cm mit den Enden A und B.
2. Zeichne in A an c den Winkel $\alpha = 20°$ an.
3. Zeichne in B an c den Winkel $\beta = 50°$ an.
4. Benenne den Schnittpunkt der Schenkel mit C.

• Wenn zwei Dreiecke in zwei Seiten und dem eingeschlossenen Winkel übereinstimmen, dann sind sie zueinander kongruent (SWS). Die entsprechende Konstruktion ist eindeutig ausführbar.

Beispiel (SWS): Dreieck ABC mit $b = 2,5$ cm; $c = 3$ cm und $\alpha = 30°$

1. Zeichne $c = 3$ cm mit den Enden A und B.
2. Zeichne in A an c den Winkel $\alpha = 30°$ an.
3. Trage an dem freien Schenkel $b = 2,5$ cm ab.
4. Benenne C und verbinde C mit A.

▶ Auftrag: Ergänze jeweils den fehlenden Schritt in der Zeichnung.

Trainieren

1 Konstruktion von Dreiecken nach WSW

① $c = 5,5$ cm; $\alpha = 90°$ und $\beta = 45°$

② $a = 6,2$ cm; $\beta = 55°$ und $\gamma = 61°$

a) Ergänze jeweils zu einem Dreieck ABC mit den gegebenen Größen.   individuelle Lösungen
   Hinweis: Fertige jeweils zuerst eine Planfigur an.

b) Gib jeweils in der Zeichnung alle drei Seitenlängen und Winkelgrößen an.

c) Mit welchen drei Angaben ist die Konstruktion von Dreieck ② nach WSW eindeutig ausführbar?
   Gib beide weiteren Möglichkeiten an.

$\gamma = 61°$; $\alpha = 64°$ und $b = 5,6$ cm _____ $\alpha = 64°$; $\beta = 55°$ und $c = 6$ cm

2 Konstruktion von Dreiecken nach SWS

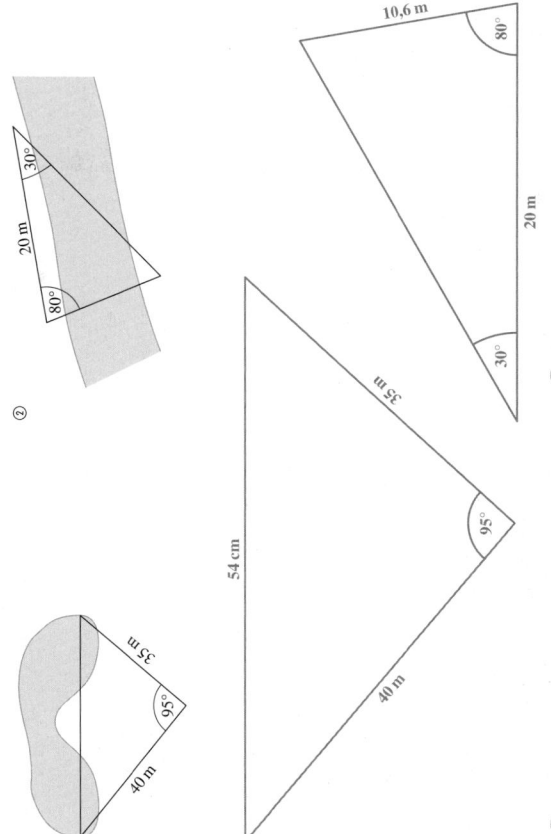

① $b = 5$ cm; $c = 6$ cm und $\alpha = 90°$

② $a = 6,5$ cm; $b = 4,6$ cm und $\gamma = 58°$

a) Ergänze jeweils zu einem Dreieck ABC mit den gegebenen Größen.
   Hinweis: Fertige jeweils zuerst eine Planfigur an.   individuelle Lösungen

b) Gib jeweils in der Zeichnung alle drei Seitenlängen und Winkelgrößen an.

c) Mit welchen drei Angaben ist die Konstruktion von Dreieck ② nach SWS eindeutig ausführbar?
   Gib beide weiteren Möglichkeiten an.

$a = 6,5$ cm; $c = 5$ cm und $\beta = 52°$ _____ $b = 4,6$ cm; $c = 5$ cm und $\alpha = 70°$

Anwenden und Vernetzen

3 Betrachte die Skizzen und ermittle mithilfe von Zeichnungen die Breite der Gewässer. Wähle dazu unterschiedliche Maßstäbe.

①

z. B. Maßstab: 1 : 500   (oder 1 : 1000)

②

z. B. Maßstab: 1 : 250   (oder 1 : 500)

Konstruktion von Dreiecken – SSS und SsW

▶ Grundwissen

- Wenn zwei Dreiecke in drei Seiten übereinstimmen, dann sind sie zueinander kongruent (SSS).
  Die entsprechende Konstruktion ist eindeutig ausführbar.

Beispiel (SSS): Dreieck ABC mit $a = 2$ cm; $b = 2,5$ cm und $c = 3$ cm

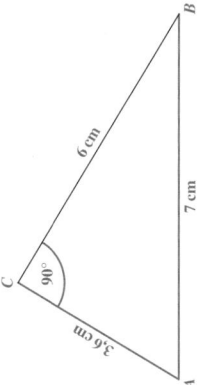

1. Zeichne $c = 3$ cm mit den Enden A und B.

2. Zeichne um A einen Kreisbogen ($b = 2,5$ cm).

3. Zeichne um B einen Kreisbogen ($a = 2$ cm).

4. Benenne den Schnittpunkt der Bögen mit C. Verbinde.

- Wenn zwei Dreiecke in zwei Seiten und dem der größeren Seite gegenüberliegenden Winkel übereinstimmen, dann sind sie zueinander kongruent (SsW). Die entsprechende Konstruktion ist eindeutig ausführbar.

Beispiel (SsW): Dreieck ABC mit $a = 2$ cm; $c = 4$ cm und $\gamma = 110°$

1. Zeichne $a = 2$ cm mit den Enden B und C.

2. Zeichne in C an den Winkel $\gamma = 110°$ an.

3. Zeichne um B einen Kreisbogen ($c = 4$ cm).

4. Benenne den Schnittpunkt mit A. Verbinde.

▶ **Auftrag:** Ergänze jeweils den fehlenden Schritt in der Zeichnung.

Trainieren

1 Ergänze jeweils zu einem Dreieck ABC mit den gegebenen Größen (SSS).
Hinweis: Fertige jeweils zuerst eine Planfigur an.   individuelle Lösungen

a) $a = 7$ cm; $b = 5$ cm und $c = 6$ cm

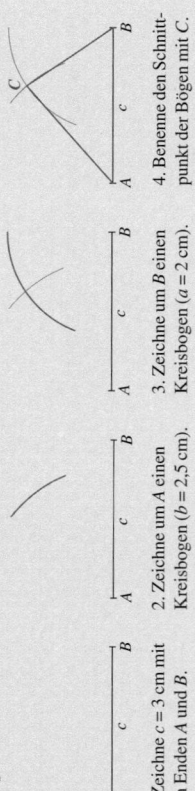

b) $a = 4,5$ cm; $b = 5$ cm und $c = 6,7$ cm

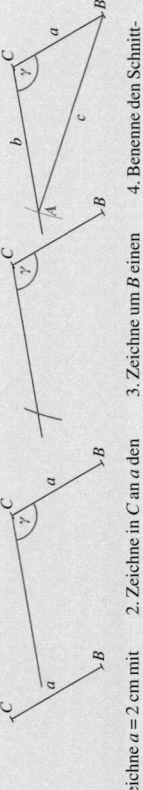

2 Zeichne an jede Seite des gelben Dreiecks ein gleichseitiges Dreieck mit der gleichen Seitenlänge.
Zusatzaufgabe: Stell dir vor, dass an jede Seite des entstandenen Dreiecks ein gleichseitiges Dreieck mit gleicher Seitenlänge gezeichnet wird.
Wie oft passt das gelbe Dreieck in das neu entstandene Dreieck?

16-mal

3 Ergänze jeweils zu einem Dreieck ABC mit den gegebenen Größen (SsW).
Hinweis: Fertige jeweils zuerst eine Planfigur an.   individuelle Lösungen

a) $a = 6$ cm; $c = 7$ cm und $\gamma = 90°$

b) $a = 7,8$ cm; $b = 3$ cm und $\alpha = 130°$

4 Ergänze zuerst zu unterschiedlichen Dreiecken ABC mit $a = 6,5$ cm; $c = 7$ cm und $\alpha = 60°$.
Gib danach jeweils Größen so an, dass die Konstruktion von Dreieck ABC nach SsW eindeutig ausführbar ist.
Hinweis: Fertige jeweils zuerst eine Planfigur an.   individuelle Lösungen

① $a = 6,5$ cm; $c = 7$ cm und $\gamma = 111°$ oder
   $b = 1,2$ cm; $c = 7$ cm und $\gamma = 111°$

② $a = 6,5$ cm; $c = 7$ cm und $\gamma = 69°$ oder
   $b = 5,3$ cm; $c = 7$ cm und $\gamma = 69°$

Anwenden und Vernetzen

5 Der Mammutbaum „General Sherman Tree" im Giant Forest des Sequoia-Nationalparks in US-Bundesstaat Kalifornien ist einer der höchsten lebenden Bäume der Erde, vermutlich sogar der größte. Steht man 100 m vom Baum entfernt, sieht man aus 2 m Höhe seine Spitze aus einem Winkel von 48°.

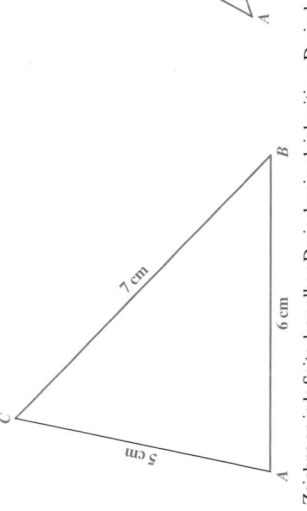

a) Veranschauliche mithilfe einer Skizze, wie mit den Angaben die Höhe des Baumes näherungsweise ermittelt werden kann.

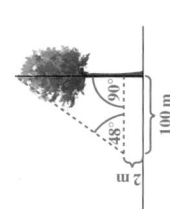

b) Ermittle auf einem zusätzlichen Blatt mithilfe einer maßstäblichen Zeichnung die Höhe des Mammutbaums.

Er ist ca. 113 m hoch.

c) Zusatzaufgabe: Ermittle, wie viel Mal höher der „General Sherman Tree" als ein Unterrichtsraum und der höchste Baum oder das höchste Haus in deiner Umgebung ist.   individuelle Lösungen

Kongruenz zweier Dreiecke

▶ Grundwissen

- Die Form und die Größe eines Dreiecks sind durch seine

  drei Seitenlängen _____ und _____

  drei Winkelgrößen _____ bestimmt.

- Dreiecke, die in drei Winkelgrößen und drei Seitenlängen

  übereinstimmen, sind **zueinander kongruent.**

  Oft reichen dafür weniger Angaben

  (beispielsweise nach SWS, WSW, SSS oder SsW).

Beispiel:

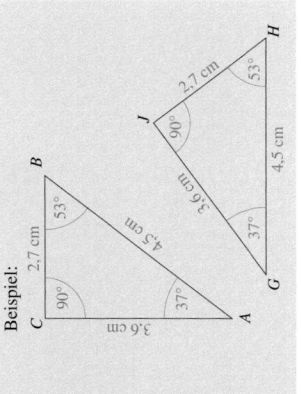

▶ **Auftrag:** Ergänze die Sätze. Gib die Seitenlängen und die Winkelgrößen der Dreiecke an.

Trainieren

1 Färbe zueinander kongruente Dreiecke mit der gleichen Farbe ein. Gib deren Seitenlängen bzw. Winkelgrößen an.

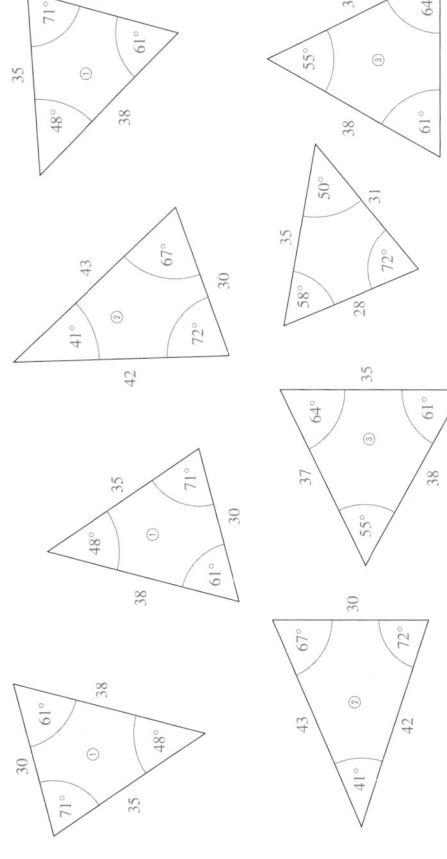

Längen in mm

2 Ergänze zu zweinander kongruenten Dreiecken.

a)

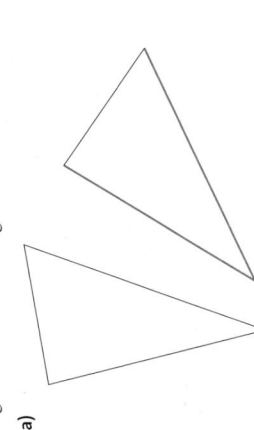

b)

3 Zeichne jeweils, wenn möglich, zwei nicht zueinander kongruente Dreiecke mit den gegebenen Seitenlängen bzw. Winkelgrößen. Kreuze an, wie viele nicht kongruente Dreiecke jeweils konstruiert werden können.
Hinweis: Nutze zum Probieren ein zusätzliches Blatt.

		kein Dreieck	nur ein Dreieck	mehrere Dreiecke
Dreieck ①:	3 cm, 4 cm und 5 cm	☐	☒	☐
Dreieck ②:	2,5 cm und 4 cm	☐	☐	☒
Dreieck ③:	2 cm, 3 cm und 6 cm	☒	☐	☐
Dreieck ④:	40° und 90°	☐	☐	☒
Dreieck ⑤:	30°, 80° und 70°	☒	☐	☐
Dreieck ⑥:	45°, 60° und 4 cm	☐	☐	☒
Dreieck ⑦:	55°, 3,5 cm und 2 cm	☐	☐	☒
Dreieck ⑧:	73°, 86° und 41°	☒	☐	☐

z. B.

Anwenden und Vernetzen

4 Stell dir vor, auf einem Tisch liegt jeweils ein 1cm, ein 3cm, ein 5cm und ein 7 cm langes Stäbchen. Daraus sollen Dreiecke gelegt werden.

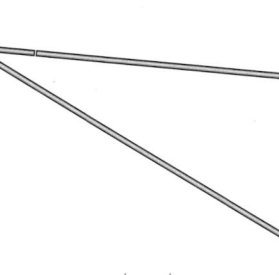

a) Schreibe die Seitenlängen aller Dreiecke, die gelegt werden können, auf.
Hinweis: Lege die Dreiecke z. B. mit Papierstreifen oder Holzstäbchen.

3 cm, 5 cm, 7 cm; 4 cm, 5 cm, 7 cm;

3 cm, 6 cm, 7 cm; 6 cm, 5 cm, 7 cm

b) Es gibt Stäbchen, aus denen niemand ein Dreieck legen kann. Schreibe drei Beispiele auf und erkläre, warum es nicht geht.

(1 cm + 3 cm < 5 cm) (1 cm + 5 cm < 7 cm) (1 cm + 3 cm < 7 cm)

1 cm, 3 cm, 5 cm; 1 cm, 5 cm, 7 cm; 1 cm, 3 cm, 7 cm

Prozentsatz

▶ Grundwissen

Der Prozentsatz gibt den Anteil vom Ganzen an.

Beispiel: 12 von 20 Punkten sind 60 %.

Berechnung des Prozentsatzes mit Hundertstel:

Berechnung des Prozentsatzes mit Dreisatz:

Punkte	Anteil
20	100 %
1	5 %
12	60 %

$$\frac{12}{20} = \frac{60}{100} = 60\,\%$$

▶ **Auftrag:** Ergänze im Beispiel jeweils das Ergebnis.

Trainieren

1 Gib die Prozentsätze an.

a) 3 cm von 100 cm sind 3 %.

b) 15 m von 100 m sind 15 %.

c) 3 kg von 15 kg sind 20 %.

d) 201 von 251 sind 80 %.

e) 5 € von 40 € sind 12,5 %.

f) 15 min von 1 h sind 25 %.

2 Färbe jeweils den angegebenen Prozentsatz der Fläche ein.

75 %   25 %   50 % $16\frac{2}{3}\,\%$ 125 %

3 Wie viel Prozent der Fläche sind jeweils eingefärbt?

75 %   30 %   50 %   12,5 %   100 % $33\frac{1}{3}\,\%$ 70 %

Ergebnisse zum Abstreichen:

3 %   12,5 %
15 %   20 %
25 %   80 %

4 Dargestellt ist die Stromerzeugung in Deutschland im Jahr 2012. Ergänze die gegebenen Prozentsätze an den entsprechenden Stellen.

0,8 %   3,3 %   4,6 %

6 %   7,3 %

11,3 %   16 %   19,1 %

22 %   25,6 %

Erdöl und Sonstiges 6,0 %
Wind 7,3 %
Biomasse 6 %
Wasser 3,3 %
Photovoltaik 4,6 %
Siedlungsabfälle 0,8 %
Erneuerbare 22 %
Kernenergie 16 %
Erdgas 11,3 %
Steinkohle 19,1 %
Braunkohle 25,6 %

5 Ermittle die Prozentsätze mithilfe des Dreisatzes.
Zusatzaufgabe: Überprüfe deine Ergebnisse mithilfe von Hundertsteln.

a) Wie viel Prozent sind 350 g von 1000 g? 35 %

Masse in g	Anteil
1000	100 %
1	0,1 %
350	35 %

b) Wie viel Prozent sind 2,60 m von 5 m? 52 %

Länge in m	Anteil
5	100 %
1	20 %
2,6	52 %

c) Wie viel Prozent sind 10,5 h von 25 h? 42 %

Zeit in h	Anteil
25	100 %
1	4 %
10,5	42 %

d) Wie viel Prozent sind 60 € von 2000 €? 3 %

Betrag in €	Anteil
2000	100 %
60	0,5 %
60	3 %

e) 3 von 2500 Tüten haben Fehler.
Wie viel Prozent sind das? 0,12 %

Anteil der Fehler	Anteil
2500	100 %
1	0,04 %
3	0,12 %

f) Wie viel Prozent einer Woche ist das Wochenende? 28,57 %

Anzahl der Tage	Anteil
7	100 %
1	14,29 %
2	28,57 %

Anwenden und Vernetzen

6 Marie hat in ihrem 132-seitigen Buch schon 44 Seiten gelesen.
Leon hat 50 Seiten seines 156-seitigen Buches gelesen.
Marie sagt: „Leon hat mehr gelesen."
Leon sagt: „Marie hat mehr gelesen."
Was meinst du dazu? Begründe deine Antwort.
z. B.

Marie hat Recht, wenn die Anzahl der Seiten betrachtet wird, denn 50 gelesene Seiten sind mehr als 44 Seiten.

Leon hat Recht, wenn der Anteil der Seiten betrachtet wird, denn $\frac{44}{132} \approx 33\,\%$ und $\frac{50}{156} \approx 32\,\%$.

Der Anteil der gelesenen Seiten unterscheidet sich jedoch unwesentlich.

7 Der Benzinpreis ist in Deutschland in den letzten Jahrzehnten stark gestiegen. Während Benzin 1950 für 0,60 DM pro Liter zu erwerben war, kostete es im Sommer 2013 etwa 1,50 € (1 € = 1,95583 DM).

a) Überschlage, ist der Preis um mehr oder weniger als 300 % gestiegen? ☐ weniger ☒ mehr

b) Um wie viel Prozent ist der Benzinpreis im angegebenen Zeitraum etwa gestiegen?

$0{,}60\ \text{DM} \approx 0{,}30\ €$ $1{,}50\ € - 0{,}30\ € = 1{,}20\ €$ $0{,}30\ € \to 100\,\%$ $\big|\ :30$

$\qquad :120\ \Big(\ 0{,}01\ € \to \frac{10}{3}\,\%\ \Big)\ \cdot 120$

$\qquad\qquad\qquad 1{,}20\ € \to 400\,\%$

Der Preis ist um rund 400 % gestiegen.

c) Um wie viel Prozent ist der Benzinpreis durchschnittlich pro Jahr gestiegen?
Zusatzaufgabe: Ermittle den Prozentsatz mithilfe einer Tabellenkalkulation.

☒ rund 3 %   ☐ rund 6 %   ☐ rund 9 %   ☐ rund 12 %
Hinweis: Mithilfe einer Tabellenkalkulation kann man zeigen, dass es unter 3 % sind.

Prozentwert

▶ **Grundwissen**

Der Prozentwert gibt die Größe des Anteils vom Ganzen an.

Beispiel: 20% von 30 Schülern sind __6__ Schüler.

Berechnung des Prozentwerts mit Hundertstel:

Berechnung des Prozentwerts mit Dreisatz:

Anteil	Schüler
100%	30
1%	0,3
20%	6

$\frac{20}{100} \cdot 30 = 6$

▶ **Auftrag:** Ergänze im Beispiel jeweils das Ergebnis.

Trainieren

1 Markiere jeweils.
z. B.
a) 10%
b) 20%
c) 75%

d) 20%
e) 20%
f) 75%

2 Gib die Prozentwerte an.
Hinweis: Rechne, wenn nötig, auf einem zusätzlichen Blatt Papier.
a) 10% von 100 cm sind __10 cm.__
b) 25% von 100 m sind __25 m.__
c) 20% von 40 Autos sind __8 Autos.__
d) 5% von 30 Punkten sind __1,5 Punkte.__
e) 11% von 50 kg sind __5,5 kg.__
f) 7% von 80 l sind __5,6 l.__
g) 0,5% von 400 € sind __2 €.__
h) 150% von 1 h sind __1,5 h = 90 min.__

Ergebnisse zum Abstreichen:

1,5	1,5	2
5,5	5,6	8
10	90	25

3 Ergänze die Prozentsätze.
Hinweis: Rechne, wenn nötig, auf einem zusätzlichen Blatt Papier.
a) Der Grundwert ist stets 200 g.

Prozentsatz	1%	10%	20%	50%	5%	25%	75%
Prozentwert	2 g	20 g	40 g	100 g	10 g	50 g	150 g

b) Die Grundwerte sind unterschiedlich.
Zusatzaufgabe: Gib das Ergebnis in einer weiteren Einheit an.

Grundwert	5000 g	750 ml	3,5 l	5 h	80 €	24 m	8 Monate
Prozentsatz	1%	10%	20%	50%	5%	25%	75%
Prozentwert	10 g	75 ml	0,7 l	2,5 h	4 €	6 m	6 Monate
	(10000 mg)	(0,075 l)	(700 ml)	(150 min)	(400 ct)	(60 dm)	(halbes Jahr)

4 Ermittle die Prozentsätze mithilfe des Dreisatzes.
Zusatzaufgabe: Überprüfe deine Ergebnisse mithilfe von Hundertsteln.

a) 90% von 600 Plätzen sind belegt. Das sind __540 Plätze.__

Anteil	Plätze
100%	600
1%	6
90%	540

b) Eine 200-g-Tafel Schokolade enthält 45% Kakao. Das sind __90 g.__

Anteil	Masse
100%	200 g
1%	2 g
45%	90 g

c) 7% von 80 € beträgt der Treuerabatt. Das sind __5,60 €.__

Anteil	Rabatt
100%	80,00 €
1%	0,80 €
7%	5,60 €

d) Ab 95% gibt es eine Eins. Bei 40 Punkten sind dies __38 Punkte.__

Anteil	Punkte
100%	40
1%	0,4
95%	38

e) 2,5% von 4400 Sticks haben Fehler. Das sind __110 Sticks.__

Anteil	Sticks
100%	4400
1%	44
2,5%	110

f) In 500 g Fruchtgummi sind 19% Fruchtsaftkonzentrat. Das sind __95 g.__

Anteil	Konzentrat
100%	500 g
1%	5 g
19%	95 g

Anwenden und Vernetzen

5 Was meinst du zu den Überlegungen des Radiokäufers?

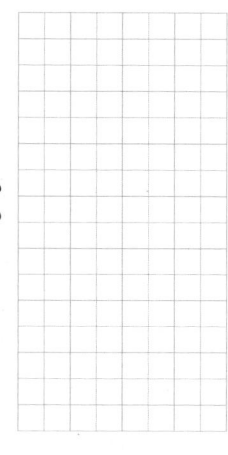

Der Radiokäufer irrt sich, wenn er glaubt, dass 4% immer 20 € entsprechen, 4% von 80 € sind nur 3,20 €.

Wenn er auch 4% Rabatt bekommt, kostet das Radio 76,80 €.

6 Jason und Magnus sind auf der Suche nach neuen Handys. Sie wollen sich dasselbe Modell mit verschiedenen Oberschalen preisgünstig kaufen.
Jason prahlt: „Mein Händler reduziert für uns den Handypreis um knapp 30%. Erst sollte eins 169 € kosten."
Magnus sagt: „Mein Angebot ist günstiger. Es wurde um 35% reduziert. Das Handy kostete vorher 185 €."
Was meinst du dazu?

Jason: 100% - 30% = 70%

:100 (100% → 169,00 €) :100
·70 (1% → 1,69 €) ·70
70% → 118,30 €

Magnus: 100% - 35% = 65%

:100 (100% → 185,00 €) :100
·65 (1% → 1,85 €) ·65
65% → 120,25 €

Das Angebot von Jasons Händler ist etwas günstiger.

Grundwert

▶ Grundwissen

Der Grundwert gibt das Ganze (100%) an.

Beispiel: 30% sind 12 Tische. 100% sind 40 Tische.

Berechnung des Grundwerts mit Dreisatz:

Anteil	Tische
30%	12
1%	0,4
100%	40

▶ **Auftrag:** Ergänze im Beispiel jeweils das Ergebnis.

Trainieren

1 Gib jeweils den 100% langen Streifen und die Längen an.

a) 50% sind 3,5 cm. 100% sind 7 cm. | 50% | 100%

b) 20% sind 1 cm. 100% sind 5 cm. | 20% | 100%

c) 75% sind 6 cm. 100% sind 8 cm. | 75% | 100%

d) 200% sind 10 cm. 100% sind 5 cm. | 200% | 100%

e) 150% sind 9 cm. 100% sind 6 cm. | 150% | 100%

2 Gib die Grundwerte an.

a) 10% sind 7 m. 100% sind 70 m.

b) 50% sind 0,25 l. 100% sind 0,5 l.

c) 25% sind 25 g. 100% sind 100 g.

d) 20% sind 19 mm. 100% sind 95 mm.

e) 75% sind 39 min. 100% sind 52 min.

f) 7% sind 8,4 dm. 100% sind 120 dm.

g) 0,5% sind 1 s. 100% sind 200 s.

h) 0,4% sind 2 €. 100% sind 500 €.

i) 200% sind 3 h. 100% sind 1,5 h.

j) 120% sind 24 km. 100% sind 20 km.

Ergebnisse zum Abstreichen:

0,5	1,5
20	52
70	95
100	120
200	500

3 Ergänze die Grundwerte.

a) Der Prozentwert ist stets 20 m.

Prozentsatz	1%	10%	20%	50%	5%	25%	75%
Grundwert	2000 m	200 m	100 m	40 m	400 m	80 m	26,6̄ m

b) Die Prozentwerte sind unterschiedlich.
Zusatzaufgabe: Gib jeweils das Ergebnis in einer weiteren Einheit an.

Prozentsatz	1%	10%	20%	50%	5%	25%	individuelle Lösungen
Prozentwert	5 ct	0,3 m	4 min	5,75 m	0,061	0,8 kg	0,31
Grundwert	500 ct (5 €)	3 m (30 dm)	20 min (⅓ Stunde)	11,5 m (115 dm)	1,2 l (1200 ml)	3,2 kg (3200 g)	0,4 l (400 ml)

4 Ermittle die Grundwerte mithilfe des Dreisatzes.

a) 8% (24 Schüler) sind krank. Insgesamt sind es 300 Schüler.

Anteil	Schüler
8%	24
1%	3
100%	300

b) 15% (60 Flaschen) sind leer. Insgesamt sind 400 Flaschen.

Anteil	Flaschen
15%	60
1%	4
100%	400

c) 7,7 Liter Wasser (11%) verdunsteten. Davor waren es 70 l Wasser.

Anteil	Liter Wasser
11%	7,7
1%	0,7
100%	70

d) 300 Nägel (7,5%) waren krumm. Insgesamt waren es 4000 Nägel.

Anteil	Nägel
7,5%	300
1%	40
100%	4000

e) 0,12% (2,4 m) der Straße ist neu. Die Straße ist 2000 m (2 km) lang.

Anteil	Länge in m
0,12%	2,4
1%	20
100%	2000

f) Sie war 0,28 s (0,4%) langsamer. Sie benötigte 70 s bis zum Ziel.

Anteil	Zeit in Sekunden
0,4%	0,28
1%	0,7
100%	70

Anwenden und Vernetzen

5 Seit der Eröffnung des Anbaus reichen die Fahrradständer nicht mehr aus. Deshalb wurden alle Schüler gefragt, wie sie an mindestens drei der fünf Tage einer Schulwoche im letzten Jahr zur Schule kamen.

	Bahn	Bus	nur zu Fuß	Fahrrad	unterschiedlich
Anzahl der Schüler im Winter	320	224	96	128	96
Anteil der Schüler im Winter	50%	35%	15%	20%	15%
Anzahl der Schüler im Sommer	288	160	96	160	64
Anteil der Schüler im Sommer	45%	25%	15%	25%	10%

a) Banu fragt: „Wie kommt es, dass im Winter 864 Schüler zur Schule gingen und im Sommer 768."
Überprüfe die Werte und beantworte die Frage.

z. B.

Winter

	Anteil der Schüler	Anzahl der Schüler
	35%	224
	1%	6,4
	100%	640

(320+224+96+128+96=864)

Sommer

	Anteil der Schüler	Anzahl der Schüler
	45%	288
	1%	6,4
	100%	640

(288+160+96+160+64=768)

Es stimmt nicht, dass im Sommer und im Winter unterschiedlich viele Schüler zur Schule gehen.

Vermutlich kommen z. B. einige mit Bahn und Bus. Sie wurden mehrmals mitgezählt.

640 Schüler besuchen die Schule im Sommer und im Winter.

b) Kreuze an, wie viele Fahrrädständer vorhanden sein sollten, damit sie ausreichen und es nicht zu viele sind.

□ 120   □ 160   ☒ 200   □ 240   □ 280   □ 320   □ 360

Vermehrter und verminderter Grundwert

▶ Grundwissen

Wird ein Grundwert um einen Prozentsatz erhöht bzw. gesenkt, so spricht man vom vermehrten und verminderten Grundwert.

Beispiele:

Vermehrter Grundwert (100% + p%)
Steigung um ... % bzw. Steigung auf ... %

Ein Brot kostet nach der Aktionswoche 1,92 €.
Der alte Preis wurde um 20% erhöht.
Wie viel kostete es zuvor?

100% + 20% = 120%

Anteil	Preis in €
120%	1,92
1%	0,016
100%	1,60

Es kostete in der Aktionswoche 1,60 €.

Verminderter Grundwert (100% – p%)
Senkung um ... % bzw. Senkung auf ... %

Eine Hose kostet nach der Reduzierung 59,25 €.
Es sind 25% weniger.
Wie viel kostete sie zuvor?

100% – 25% = 75%

Anteil	Preis in €
75%	59,25
1%	0,79
100%	79,00

Die Hose kostete zuvor 79,00 €.

▶ Auftrag: Ergänze die Beispiele.

Trainieren

1 Die Länge des schwarzen Rahmens stellt den alten Wert dar. Vervollständige die Angaben bzw. die Abbildungen.

a) Die Länge ging zurück auf 65%.

b) Die Länge stieg auf 108%.

c) Die Länge nahm um 42,5% ab.

d) Die Länge nahm um 23% zu.

2 Ordne die fehlenden Werte zu. Nutze zum Rechnen, wenn nötig, ein zusätzliches Blatt.

57%   103%   218%   34,00 €   12,00 €   434,25 €   702,00 €

alter Preis	119,90 €	69,00 €	34,00 €	5,50 €	650,00 €	450,00 €
Prozentsatz des neuen Preises	103%	57%	53%	218%	108%	96,5%
neuer Preis	123,50 €	39,00 €	18,00 €	12,00 €	702,00 €	434,25 €

3 Erkläre anhand der Zeichnungen die Bedeutung der Ausdrücke „Anstieg um 110%" und „Anstieg auf 110%".

30 mm   33 mm   30 mm   3 mm   30 mm

Beim Anstieg um 110% kommen 110% zu den gegebenen 100% dazu. Die Fläche des Rechtecks wird mehr als verdoppelt. Beim Anstieg auf 110% kommen nur 10% der gegebenen Fläche dazu.

4 Berechne mithilfe des Dreisatzes.

a) Ein Händler gibt 19% Rabatt. Statt 595 € kostet die Couch somit 500 €.

Anteil	Preis in €
119%	595,00
1%	5,00
100%	500,00

b) Ohne 19% Mehrwertsteuer kostet der Tisch 200 €. Mit Steuer sind es 238,00 €.

Anteil	Preis in €
100%	200,00
1%	0,20
119%	238,00

c) Der Bestand nahm um 40% ab. Es sind 300 Fische. Zuvor waren es 500 Fische.

Anteil	Fische
60%	300
1%	5
100%	500

d) Der Bestand nahm um 20% zu. Es waren zuvor 80 Tiere. Jetzt sind es 96 Tiere.

Anteil	Tiere
100%	80
1%	0,8
120%	96

e) 132 t Gurken wurden geerntet. Das sind 10% mehr als im letzten Jahr. Da waren es 120 t.

Anteil	Gurken in t
110%	132
1%	1,2
100%	120

f) Es wurden 27 kg Äpfel verkauft. Das sind 90%. Insgesamt waren es 30 kg Äpfel.

Anteil	Äpfel in kg
90%	27
1%	0,3
100%	30

Anwenden und Vernetzen

5 Löse die folgenden Aufgaben.

a) Die Miete stieg von 562,00 € auf 634,00 €. Um wie viel Prozent wurde die Miete heraufgesetzt?

634,00 € – 562,00 € = 72,00 €   72,00 € : 562,00 € ≈ 12,81%

Die Mieterhöhung beträgt 72,00 €. Das sind etwa 12,8% des alten Mietpreises von 562,00 €.

b) Ein Handy kostete 195,00 €. Gestern wurde der Preis um 25,2% gesenkt. Wie viel kostet es jetzt?

100% – 25,2% = 74,8%   0,748 · 195,00 € = 145,86 €

Das Handy kostet jetzt 74,8% von 195,00 €. Das sind 145,86 €.

c) Möbelhändler Holz überlegt, was für ihn besser ist: Soll er dem Kunden erst einen Rabatt von 3% für die neue Couchgarnitur gewähren und dann den 4,5-prozentigen Aufschlag für den besonderen Bezugsstoff berechnen oder soll er erst den 4,5-prozentigen Aufschlag für den besonderen Bezugsstoff berechnen und danach 3% Rabatt geben? Die Standardvariante der Couchgarnitur kostet 2 000,00 €. Welches Verfahren empfiehlst du Herrn Holz? Begründe.

(2 000 € · 0,97) · 1,045 = (2 000 € · 1,045) · 0,97 = 2 027,30 €   Assoziativgesetz der Multiplikation

Herr Holz sollte darüber nicht weiter nachdenken. In beiden Fällen hat der Kunde 2 027,30 € zu zahlen.

6 Spielt zu dritt mit einem Würfel und je einer Spielfigur (z. B. einer Münze). Das Startguthaben beträgt 1 000,00 €. Sieger ist, wer mit dem größten Betrag durch das Ziel geht.

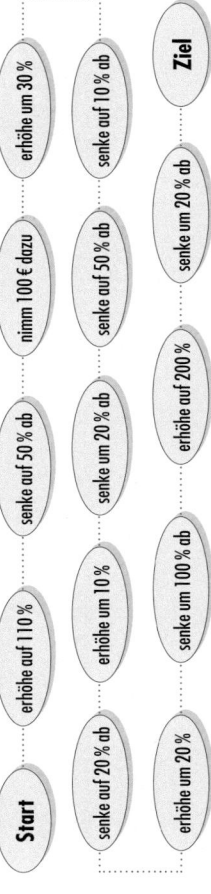

Sachaufgaben zur Prozentrechnung

▶ **Grundwissen**

Schrittfolge beim Lösen von Sachaufgaben zur Prozentrechnung.
1. Schritt: Überlege, was der Grundwert, was der Prozentwert bzw. was der Prozentsatz ist.
2. Schritt: Entscheide dich für einen Lösungsweg und berechne dementsprechend das Ergebnis.
3. Schritt: Überprüfe, ob dein Ergebnis stimmen kann. Passt es zum Überschlag und zum Aufgabentext?
4. Schritt: Formuliere einen sinnvollen Antwortsatz.

▶ Auftrag: Unterstreiche je Schritt höchstens drei wichtige Wörter.   individuelle Lösung

Trainieren

1 Unterstreiche jeweils den Grundwert, den Prozentwert und den Prozentsatz. Lege zuvor Farben fest.

☐ Grundwert ——   ☐ Prozentwert 〰〰   ☐ Prozentsatz - - - - -

a) Eine Gurke ist 550 g schwer und besteht zu ca. 90% aus Wasser. Welche Masse Wasser enthält sie demzufolge?

b) Jeden Tag sind durchschnittlich 5% der 29 Schülerinnen und Schüler einer siebten Klasse krank. Mit wie vielen Kranken ist demzufolge im Durchschnitt zu rechnen?

c) Von den 1320 Schülerinnen und Schülern einer Schule gehören 165 der siebten Jahrgangsstufe an. Wie viel Prozent sind das?

d) Der Preis eines 59,99 € teuren Trikots wird um 25 Prozent reduziert. Wie viel kostet es nach der Reduzierung?

e) Zwölf Schülerinnen und Schüler planen eine Abschlussfeier. Das sind fünf Prozent aller Teilnehmer. Wie viele Personen nehmen an dieser Feier teil?

f) Bei einer Kontrolle der Polizei wurden insgesamt 750 Fahrräder überprüft. 435 der Räder wiesen kleine Mängel auf und 15 Räder wurden wegen schwerer Mängel aus dem Verkehr gezogen. Wie viel Prozent der Fahrräder wiesen insgesamt Mängel auf? Wie viel Prozent wurden aus dem Verkehr gezogen?
42%   2%

2 Bewerte jeweils die Antwortsätze zu den Teilaufgaben von Aufgabe 1.
Entscheide dazu, ob das Ergebnis der Rechnung richtig ist und ob die Antwort zum Aufgabentext passend ist.

zu a)
Rund 500 g der Gurke sind Wasser.
☒ richtig ☐ falsch   ☒ passend ☐ nicht passend
Genau 495 g einer 550 g schweren Gurke sind Wasser.
☒ richtig ☐ falsch   Diese „Genauigkeit" ist nicht sinnvoll.
☐ passend ☒ nicht passend

zu b)
Im Durchschnitt gibt es ein bis zwei Kranke.
☒ richtig ☐ falsch   Augenmerk liegt auf der Anzahl der Kranken.
☒ passend ☐ nicht passend
Es ist mit 1,45 Kranken zu rechnen.
☒ richtig ☐ falsch   Augenmerk liegt auf dem Rechnen.
☐ passend ☒ nicht passend

zu c)
$\frac{1}{8}$ der Schülerinnen und Schüler einer Schule gehören der siebten Jahrgangsstufe an.
☒ richtig ☐ falsch   ☐ passend ☒ nicht passend
12,5% der Schülerinnen und Schüler einer Schule gehören der siebten Jahrgangsstufe an.
☒ richtig ☐ falsch   ☒ passend ☐ nicht passend

zu d)
Es kostet nach der Reduzierung 41,67 €.
☐ richtig ☒ falsch   Laut Überschlag könnte das Ergebnis stimmen.
☐ passend ☒ nicht passend
Es kostet nach der Reduzierung 44,9925 €.
☒ richtig ☐ falsch   Es kostet nach der Reduzierung 44,99 €.
☐ passend ☒ nicht passend

zu e)
240 Personen nehmen an dieser Feier teil.
☒ richtig ☐ falsch   ☐ passend ☒ nicht passend
42 Gäste werden zur Feier erwartet.
☐ richtig ☒ falsch   Laut Überschlag kann das Ergebnis nicht stimmen.
☐ passend ☒ nicht passend

3 Formuliere zur dargestellten Situation zwei Aufgaben und löse diese.
Hinweis: Kontrolliert die Ergebnisse gegenseitig.
z. B.
Auf wie viel Prozent des alten Preises stieg der Preis?
1,439 € : 1,379 € ≈ 104,35 %
Der Preis stieg auf 104,35% des alten Preises.
Um wie viel Prozent stieg der Preis?
Er stieg um rund 4,35%.

Anwenden und Vernetzen

4 Was halten Jugendliche von neuen Handys?
Handys sind heute viel mehr als nur ein mobiles Telefon. Sie verfügen über einen Taschenrechner, eine Kamera, einen MP3-Player ... Viele der Jugendlichen zwischen 14 und 24 Jahren sind davon überzeugt, dass sie auf ein eigenes Handy nicht verzichten können. Für 7 von 10 – das waren 959 Befragte – ist die tägliche Nutzung selbstverständlich. 256 sind der Meinung: Wer kein Handy hat, ist isoliert, weil man sie oder ihn beispielsweise nicht immer erreichen kann und spontane Verabredungen somit oft nicht möglich sind. Etwa jeder Dritte besaß in den letzten zwei Jahren unterschiedliche Handys. Obwohl mehr als 75 % mehr Vor- als Nachteile in der Handynutzung sehen, befürchten ca. $\frac{2}{3}$ aller Befragten gesundheitliche Schäden beispielsweise durch falsche bzw. zu lange Nutzung. Mehrere Antworten waren möglich.

a) Für wie viel Prozent der Befragten ist die tägliche Nutzung des Handys selbstverständlich?
Für 70% ist die tägliche Nutzung selbstverständlich.

b) Wie viele Personen wurden befragt?
1370 Personen wurden befragt.

c) Wie viele sehen mehr Vorteile als Nachteile in der Handynutzung?
1028 Befragte sehen mehr Vorteile als Nachteile in der Handynutzung.

d) Wie viele der Befragten besaßen in den letzten zwei Jahren unterschiedliche Handys?
Rund 460 Befragte besaßen in den letzten zwei Jahren unterschiedliche Handys.

e) Wie viel Prozent der Befragten befürchten gesundheitliche Schäden aufgrund der Handynutzung?
Rund 67% der Befragten befürchten gesundheitliche Schäden.

f) Wie viele Befragte befürchten keine Gesundheitsschäden?
Rund 460 der Befragten befürchten keine Gesundheitsschäden.

Rationale Zahlen addieren und subtrahieren

▶ Grundwissen

- Zwei rationale Zahlen mit gleichem Vorzeichen werden addiert, indem man die Beträge der Zahlen addiert.
  Das Ergebnis bekommt das gemeinsame Vorzeichen.

  Beispiele: $(+2)+(+6)=\ +8\ $ $(-2)+(-6)=\ -8\ $

- Zwei rationale Zahlen mit verschiedenen Vorzeichen werden addiert, indem man vom größeren Betrag den kleineren Betrag subtrahiert.
  Das Ergebnis bekommt das Vorzeichen des Summanden mit dem größeren Betrag.

  Beispiele: $(+2)+(-6)=\ -4\ $ $(-2)+(+6)=\ +4\ $

- Man subtrahiert eine rationale Zahl, indem ihre Gegenzahl addiert wird.

  Beispiele: $(+2)-(+6)=(+2)+(-6)=\ -4\ $ $(+2)-(-6)=(+2)+(+6)=+8$

▶ **Auftrag:** Ergänze die Beispiele.

Trainieren

1 Ergänze die Additionsaufgaben und die Ergebnisse.

a) $+(+2)$ $+(+2)$ –3 –2 –1 0 1 2 3 4
■ $(-3)+(+2)=-1$
■ $(+1)+(+2)=\ 3\ $

b) $+(+2)$ $+(-2)$ –3 –2 –1 0 1 2 3 4
■ $(-1)+(+2)=-3$
■ $(+3)+(-2)=\ 1\ $

c) $+(+2)$ $+(-2)$ –1,5 –1 –0,5 0 0,5 1 1,5 2
■ $(+1,5)+(-2)=-0,5$
■ $(-1)+(+2)=\ 1\ $

2 Addiere.

a) $(+12)+(+37)=\ +49\ $ b) $(-12)+(-37)=\ -49\ $ c) $(+12)+(-37)=\ -25\ $
d) $(+38)+(+0,04)=\ +38,04\ $ e) $(-50)+(-7,23)=\ -57,23\ $ f) $(+6,6)+(+7,8)=\ +14,4\ $
g) $(-6,1)+(-53,4)=\ -59,5\ $ h) $(-9,7)+(-50)=\ -59,7\ $ i) $(-33,3)+(+8,3)=\ -25,0\ $

3 Ergänze die Subtraktionsaufgaben, die zugehörigen Additionsaufgaben und die Ergebnisse.

a) $-(+2)$ $-(-3)$ –3 –2 –1 0 1 2 3 4
■ $(-1)-(+2)=(-1)+(-2)=-3$
■ $(+3)-(+3)=(+3)+(-3)=\ 0\ $

b) $-(-1)$ $-(-2)$ –3 –2 –1 0 1 2 3 4
■ $(-2)-(-1)=(-2)+(+1)=-1$
■ $(+1)-(-2)=(+1)+(+2)=\ 3\ $

c) $-(-2)$ $-(+2,5)$ –1,5 –1 –0,5 0 0,5 1 1,5 2
■ $(+2)-(+2,5)=(+2)+(-2,5)=-0,5$
■ $(-1,5)-(-2)=(-1,5)+(+2)=\ 0,5\ $

4 Subtrahiere.

a) $(+40)-(+12)=\ +28\ $ b) $(+40)-(-12)=\ +52\ $ c) $(-40)-(+12)=\ -52\ $
d) $(+3,87)-(+40)=\ -36,13\ $ e) $(+20)-(-8,03)=\ +28,03\ $ f) $(-6,6)-(+1,2)=\ -7,8\ $
g) $(+9,7)-(+5)=\ +4,7\ $ h) $(-60,6)-(+7,7)=\ -68,3\ $ i) $(-3)-(+8,7)=\ -11,7\ $

5 Ergänze die fehlenden Zahlen in den Additionsmauern.

Additionsmauer 1:
+8,9
+13,4 | −4,5
+18,5 | −5,1 | +0,6
+26,2 | −7,7 | +2,6 | −2,0
+39,2 | −13,0 | +5,3 | −2,7 | +0,7

Additionsmauer 2:
$-6\frac{1}{2}$
$-8\frac{1}{4}$ | $1\frac{3}{4}$
-6 | $-2\frac{1}{4}$ | 4
-3 | -3 | $\frac{3}{4}$ | $\frac{13}{4}$
-1 | -2 | -1 | $\frac{7}{4}$ | $\frac{3}{2}$

Rechenzeichen zum Abstreichen:
+ + – –
+ + – –
+ + – –
+ + – –

6 Setze passende Rechenzeichen ein.

a) $+27\ \boxed{-}\ (38)=-11$ b) $-71\ \boxed{+}\ (-28)=-99$
c) $+40\ \boxed{+}\ (-80)\ \boxed{+}\ (-20)=-60$ d) $-7,7\ \boxed{+}\ (+1,7)\ \boxed{-}\ (-3)=-3$
e) $-1\ \boxed{+}\ (-0,8)\ \boxed{+}\ (-0,09)=-1,89$ f) $-4,5\ \boxed{-}\ (-4,5)\ \boxed{-}\ (-3)=-3$
g) $+2,3\ \boxed{-}\ (-5,3)\ \boxed{-}\ (+1,3)=6,3$ h) $+7,5\ \boxed{+}\ (-8,5)\ \boxed{+}\ (-2,5)=-3,5$

Anwenden und Vernetzen

7 Ergänze jeweils die fehlenden Zahlen so, dass die Summe in allen Zeilen, Spalten und Diagonalen die angegebene Zahl ist.
Zusatzaufgabe: Bei **c** sollst du selbst eine Summe vorgeben, die größer als 1 und kleiner als 2 ist.
Hinweis: Rechne, wenn nötig, auf einem zusätzlichen Blatt.

a) Die Summe ist 0.

7,5	-5,5	-6,5	4,5
-3,5	1,5	2,5	-0,5
0,5	-2,5	-1,5	3,5
-4,5	6,5	5,5	-7,5

b) Die Summe ist -3.

7,5	-5,5	-6,5	1,5
-3,5	-1,5	2,5	-0,5
-2,5	-2,5	-1,5	3,5
-4,5	6,5	2,5	-7,5

c) Die Summe ist 1,5.

z.B.

7,5	-5,5	-6,5	6
-3,5	3	2,5	-0,5
2	-2,5	-1,5	3,5
-4,5	6,5	7	-7,5

8 Auf einem Markt sollen vier Besucher die Masse von einem großen Käse schätzen.
Es werden die Werte 24 kg, 28 kg, 32 kg und 36 kg genannt.
Alle Werte sind falsch.
Es wurde um 1 kg, 3 kg, 5 kg und 7 kg danebengetippt.
Kann man aus diesen Angaben die richtige Masse ermitteln?
Hinweis: Eine Veranschaulichung kann helfen.

24 ——————— 36

Der Käse kann eine Masse von 29 kg oder von 31 kg haben. Die Antwort ist also nein.

Rationale Zahlen multiplizieren und dividieren

▶ Grundwissen

① Multipliziere bzw. dividiere ohne Vorzeichen.

② Bestimme das Vorzeichen des Ergebnisses.

Es ist positiv (+), wenn beide Zahlen gleiche Vorzeichen haben.

Es ist negativ (−), wenn beide Zahlen verschiedene Vorzeichen haben.

Beispiele:

$-8 \cdot (-2) = +16 \quad +18 : (+6) = +3$

$+5 \cdot (-2) = -10 \quad -24 : (+6) = -4$

▶ **Auftrag:** Ergänze die Ergebnisse.

Trainieren

1 Multipliziere.

a) $7 \cdot (-6) = \underline{-42}$

b) $-8 \cdot (-8) = +64 = \underline{64}$

c) $-5 \cdot (+3) = \underline{-15}$

d) $13 \cdot (+4) = +52 = \underline{52}$

e) $-7 \cdot (+11) = \underline{-77}$

f) $12 \cdot (-4) = \underline{-48}$

g) $-0,8 \cdot (-8) = +6,4 = \underline{6,4}$

h) $2 \cdot (+0,8) = +1,6 = \underline{1,6}$

i) $0,2 \cdot (-0,5) = \underline{-0,1}$

j) $-0,9 \cdot (-3) = +2,7 = \underline{2,7}$

k) $-0,5 \cdot 60 = \underline{-30}$

l) $0,04 \cdot (-10) = \underline{-0,4}$

2 Dividiere.

a) $60 : (+10) = +6 = \underline{6}$

b) $-18 : (+3) = \underline{-6}$

c) $-16 : (+4) = \underline{-4}$

d) $55 : (+5) = +11 = \underline{11}$

e) $-27 : 30 = \underline{-0,9}$

f) $-4,4 : 11 = \underline{-0,4}$

g) $-5,4 : 9 = \underline{-0,6}$

h) $0,149 : 14,9 = +10 = \underline{10}$

i) $6 : 0,3 = +20 = \underline{20}$

j) $-6,5 : 5 = \underline{-1,3}$

k) $-72 : 0,8 = \underline{-90}$

l) $-14,6 : 2 = \underline{-7,3}$

3 Ergänze die fehlenden Zahlen in den Multiplikationsmauern.
Hinweis: Löse Teilaufgabe d durch Probieren.

a)

	−1,35		
	−1,5	0,9	
	−1	−1,5	0,6
−2	0,5	3	0,2

b)

	−8		
	−100	0,08	
	50	−2	−0,4
−0,25	−200	0,01	−40

c)

	−3,75		
	7,5	−0,5	
	−15	−0,5	1
7,5	−2	0,25	4

d) z. B.

	120		
	−60	−2	
	−0,6	100	−0,02
0,3	−2	−50	0,0004

4 Entscheide, ob das Ergebnis kleiner oder größer als null ist.
Zusatzaufgabe: Ermittle die Ergebnisse auf einem zusätzlichen Blatt.

a) $-0,05 \cdot 1,4 \cdot 100 \cdot (-0,5) \cdot (-0,01) \cdot (-0,25) \cdot (-20) \cdot (-1) \cdot 2 \quad \boxed{>}\ 0$ Ergebnis: 0,35

b) $(2,5 \cdot (-0,4) \cdot 100 \cdot (-0,03) \cdot (-0,2) \cdot (-0,5)) : (1,2 \cdot (-5)) \quad \boxed{<}\ 0$ Ergebnis: −0,05

5 Schreibe jeweils die nächsten fünf Zahlen auf. Gib an, wie man die jeweils nächste Zahl berechnen kann.
Hinweis: Bei den Teilaufgaben a und b wird nur multipliziert bzw. dividiert.

a) $21;\ -42;\ 84;\ -168;\ \underline{336;\ -672;\ 1344;\ -2688;\ 5376}$
z. B.
Die jeweils letzte Zahl wird mit −2 multipliziert bzw. durch −0,5 dividiert.

b) $256;\ -128;\ 64;\ -32;\ 16;\ \underline{-8;\ 4;\ -2;\ 1;\ -0,5}$
z. B.
Die jeweils letzte Zahl wird mit −0,5 multipliziert bzw. durch −2 dividiert.

c) $\frac{1}{4};\ 1\frac{3}{4};\ \frac{1}{4};\ 1\frac{3}{4};\ \frac{1}{4};\ \underline{1\frac{3}{4};\ \frac{1}{4};\ 1\frac{3}{4};\ \frac{1}{4};\ 1\frac{3}{4}}$
z. B.
Die jeweils letzte Zahl wird zuerst mit −1 multipliziert und danach wird 2 addiert.

Anwenden und Vernetzen

6 Fahrenheit wählte als Nullpunkt seiner Temperatur-Skala die tiefste Temperatur des strengen Winters 1708/1709 in seiner Heimatstadt Danzig. Er wollte dadurch negative Temperaturen vermeiden.
Als weiteren Fixpunkt legte er 1714 den Gefrierpunkt von Wasser bei 32 °F und die Körpertemperatur eines gesunden Menschen bei 96 °F fest.
In den USA werden noch heute Temperaturen in Grad Fahrenheit angegeben.

Hier in New York haben wir 80 Grad!

80 Grad! Das überlebt doch kein Mensch. Brian übertreibt mal wieder.

Umrechnen von Grad Fahrenheit in Grad Celsius:
1. Subtrahiere von der Temperatur in Fahrenheit die Zahl 32.
2. Multipliziere die Differenz mit $\frac{5}{9}$.

a) Ergänze die Tabelle.

	Fahrenheit-Skala	Celsius-Skala
höchste im Freien gemessene Lufttemperatur	136,04 °F	57,80 °C
tiefste im Freien gemessene Lufttemperatur	−130,90 °F	−90,50 °C
Körpertemperatur des Menschen nach Fahrenheit	96 °F	35,56 °C
Schmelzpunkt von Eisen	2795 °F	1535 °C
Gefrierpunkt von Alkohol	−173,92 °F	−114,40 °C
mittlere Oberflächentemperatur der Sonne	9941 °F	5505 °C
Siedepunkt von Wasser	212 °F	100 °C
Gefrierpunkt von Wasser	32 °F	0 °C

b) Schätze, wie warm es heute ist. Gib den Wert zuerst in Grad Celsius und danach in Grad Fahrenheit an.

individuelle Lösung

Rechengesetze

▶ **Grundwissen**

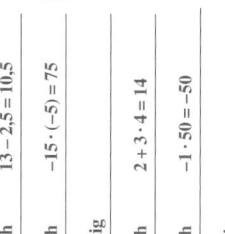

Karten:

zuerst	nach rechts	$a \cdot b$	$a + (b + c)$	$a + b + c$
Punktrechnung	$b + a$	$a \cdot b - a \cdot c$	$a \cdot b \cdot c$	Ausdrücke in Klammern	$(a + b) + c$
$(a \cdot b) \cdot c$	$a \cdot b - a \cdot c$	von links	$b \cdot a$	$a + b$	vor Strichrechnung

- Kommutativgesetze der Addition und Multiplikation: $a + b = b + a$ $a \cdot b = b \cdot a$
- Assoziativgesetze der Addition und Multiplikation: $(a + b) + c = a + (b + c)$ $(a \cdot b) \cdot c = a \cdot (b \cdot c)$
- Distributivgesetze: $a \cdot (b + c) = a \cdot b + a \cdot c$ $a \cdot (b - c) = a \cdot b - a \cdot c$
- Ausdrücke in Klammern werden zuerst berechnet.
- Punktrechnung geht vor Strichrechnung.
- Es wird von links nach rechts gerechnet, wenn keine andere Regel zu beachten ist.

▶ **Auftrag:** Formuliere mithilfe der obigen Karten Regeln, die für alle rationalen Zahlen gelten.

Trainieren

1 Unterstreiche jeweils zuerst wie bei a das Rechenzeichen, dass du als Erstes berücksichtigst. Rechne danach im Kopf.

a) $-6 \cdot (4 - 9) =$ ___30___
b) $6 + (-4) + 9 =$ ___11___
c) $-6 + 4 \cdot (-9) =$ ___-42___
d) $-23 - 87 : (-29) =$ ___-20___
e) $23 + (87 - 29) =$ ___81___
f) $45 + 135 : (-3) =$ ___0___
g) $(-125 + 75) \cdot (-2) =$ ___100___
h) $-5 \cdot 3 \cdot (-4 - 3) =$ ___-26___
i) $(-8 + 5) \cdot 3 - (4 - 7) =$ ___-6___

2 Entscheide ohne alle Ergebnisse zu ermitteln innerhalb einer Minute, welche Aufgaben dieselben Ergebnisse haben. Verbinde diese mit Linien.

- $0,32 + 4,57 + 47,8$
- $2 \cdot (-7,8 + 4,57 - 0,32)$
- $(47,8 + 4,57 - 0,32) : 2$
- $47,8 + 0,32 + 4,57$
- $47,8 - (-0,32) + 4,57$
- $(4,57 - 0,32 - 7,8) \cdot 2$
- $2 : (-4,57 + 0,32 - 7,8)$
- $(4,25 + 47,8) : 2$

3 Rechne vorteilhaft.

a) $4 \cdot 12 + 4 \cdot 13 =$ $4 \cdot (12 + 13) = 100$
b) $7 \cdot 3 + 13 \cdot 3 =$ $(7 + 13) \cdot 3 = 60$
c) $34 \cdot 7 - 28 \cdot 7 =$ $(34 - 28) \cdot 7 = 42$
d) $-45 \cdot 13 + 51 \cdot 13 =$ $(-45 + 51) \cdot 13 = 78$
e) $-63 : 9 - 27 : 9 =$ $(-63 - 27) : 9 = -10$
f) $-121 : 11 + 55 : 11 =$ $(-121 + 55) : 11 = -6$
g) $117 - 84 + 13 =$ $117 + 13 - 84 = 46$
h) $-3 \cdot 12 + 3 \cdot 48 =$ $-36 + 144 = 108$
i) $\frac{1}{4} \cdot (-\frac{4}{5}) \cdot \frac{2}{5}) \cdot \frac{1}{5} = \frac{1}{5} : \frac{1}{5} = 1$
j) $\frac{1}{2} - \frac{1}{2} \cdot \frac{1}{3} + (\frac{5}{3} \cdot (-\frac{2}{3})) = \frac{1}{2} - \frac{1}{6} - \frac{1}{3} = -\frac{1}{3}$

4 Finde die vier Fehler und korrigiere sie.

a) $13 - 5 : 2 = 4$ falsch $13 - 2,5 = 10,5$
b) $-1 \cdot 15 - (10 : (-2)) = -75$ falsch $-15 \cdot (-5) = 75$
c) $((-5 - 13) : 2 + 6) \cdot (-2) = 6$ richtig
d) $((11,5 + 4,5 : (-3)) : 5) + 3 \cdot 4 = 20$ falsch $2 + 3 \cdot 4 = 14$
e) $(-3,5 + 5 : 2) \cdot ((-100) : (-2)) = 50$ falsch $-1 \cdot 50 = -50$
f) $(-5 + 14 - 35) : ((-6,5) \cdot (-\frac{4}{2})) = -2$ richtig

5 Bewerte jeweils mithilfe eines Überschlags das Ergebnis.
Zusatzaufgabe: Berechne die Ergebnisse.   z. B.

a) $(17,4 - 5,9) \cdot (-4,1) = -47,15$ Überschlag: $11 \cdot (-4) = -44$ ☒ Ergebnis kann stimmen.
b) $17,4 - (5,9 \cdot 4,1) = 10,3 \ (= -6,79)$ Überschlag: $17 - 24 = -7$ ☐ Ergebnis kann stimmen.
c) $17,4 - 5,9 \cdot (-4,1) = 41,59$ Überschlag: $17 + 24 = 41$ ☒ Ergebnis kann stimmen.
d) $(6,4 : 5 - 5,9 \cdot 4,1) \cdot 5 = 114,55 \ (= -114,55)$ Überschlag: $6 - 100 = -94$ ☐ Ergebnis kann stimmen.
e) $6,4 : 5 - 5,9 \cdot 4,1 \cdot 5 = -20,67 \ (= -119,67)$ Überschlag: $1 - 100 = -99$ ☐ Ergebnis kann stimmen.
f) $(6,4 : (5 - 5,9)) \cdot 4,1 \cdot 5 \approx -146$ Überschlag: $6 : (-1) \cdot 20 = -120$ ☒ Ergebnis kann stimmen.

Anwenden und Vernetzen

6 Schreibe entsprechende Ausdrücke auf und löse sie.

a) Multipliziere die Summe von -7 und 4,5 mit 3. $(-7 + 4,5) \cdot 3 = -7,5$
b) Addiere die Produkte von -8 und -2 und von -1,5 und 4. $-8 \cdot (-2) + (-1,5) \cdot 4 = 10$
c) Addiere $\frac{2}{3}$ zum Quotienten von 27 und 81 und addiere anschließend -2. $\frac{2}{3} + \frac{27}{81} + (-2) = -1$
d) Subtrahiere 2,5 von der Differenz von 78 und -1,5. $78 - (-1,5) - 2,5 = 77$

7 Alle ganzen Zahlen, die kleiner als 52 und größer als -50 sind, werden addiert. Was ist das Ergebnis?   101

8 Mehrere Schüler schätzten die Länge einer Mauer. Beim Nachmessen stellten sie fest, dass sie 8 m lang ist. Sie bestimmen die Abweichungen von den Schätzungen.
Wurde im Durchschnitt die Länge der Mauer unter- oder überschätzt?

$(-0,6 \text{ m} - 1,3 \text{ m} + 0,4 \text{ m} + 0,3 \text{ m} + 1,1 \text{ m} - 0,2 \text{ m} + 0,1 \text{ m} + 0,6 \text{ m} - 0,6 \text{ m}) : 9$
$\approx -0,02 \text{ m}$

Die Länge der Mauer wurde im Durchschnitt etwas unterschätzt.

Abweichungen der Schätzungen von der gemessenen Länge	
Anna: -0,6 m	Alex: -1,3 m
Berta: +0,4 m	Tom: +0,3 m
Lisa: +1,1 m	Christian: -0,2 m
Nora: +0,1 m	Damian: +0,6 m
Hanna: -0,6 m	

Hinweis: Lass mehrere Mitschülerinnen oder Mitschüler die Höhe eines Stuhles im Raum schätzen. Untersuche danach, ob die Höhe eher über- oder unterschätzt wurde. Die Verwendung von Linealen und anderen Messhilfen ist beim Schätzen verboten.   individuelle Lösungen

Terme aufstellen

▲ Grundwissen

- Sinnvolle Ausdrücke mit Zahlen, Variablen (Platzhaltern), Rechenzeichen bzw. Klammern nennt man Terme.
  Sie können auch nur aus einer Zahl oder Variablen bestehen.
  Die Relationszeichen wie „=", „≠", „<", „≤", „>", „≥" … kommen in Termen nicht vor.

  Beispiele: | $5 \cdot x$ | $12x - 4y - 4$ | $-12 \cdot x - 4y = 0$ | $-3,5 \cdot$ | $-2 < y - 4$ | $(x \cdot y)^2 - 2$ | (2) |

  | 7 Autos | $a + b + c - d + 45$ | $-45 ÷$ | $(4 + 5)$ | $(78 ÷)$ | $78 : 4x$ | $4\,m - 4\,dm$ |

- Setzt man in einen Term für jede Variable eine Zahl ein, so nimmt der Term einen Wert an.

  Beispiele: Wird in $a : 2 + 5b$ für $a = 9$ und für $b = 2$ eingesetzt, so ist der Wert des Terms 14,5,
  denn $9 : 2 + 5 \cdot 2 = 14,5$.

▶ **Auftrag:** Streiche die Ausdrücke durch, die keine Terme sind.

Trainieren

1 Sinnvolle Ausdrücke

a) Gib mithilfe der Karten sechs Terme an.
   Hinweis: Kontrolliert die Ergebnisse gegenseitig.
   z. B.
   $7;\ 0,36;\ -0,25b;\ (7 + 3b) \cdot \frac{1}{3};\ \frac{1}{3} + 7 - 0,3;\ -0,25 : 7$

b) Gib mithilfe der Karten sechs sinnvolle Ausdrücke an, die keine Terme sind.
   Hinweis: Kontrolliert die Ergebnisse gegenseitig.
   z. B.
   $7 < 0,36;\ -0,25b = (7 + 3b);\ \frac{1}{3} = \frac{1}{3} + 7b;\ -0,3 < -0,25;\ 0,36 = -0,25b;$
   $(7 + 3b) < \frac{1}{3}$
   $\frac{1}{3}$

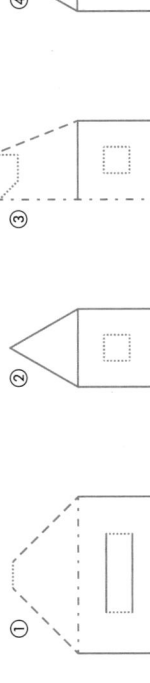

2 Ergänze fehlende Terme bzw. Sätze.

a) Verdreifache a.

b) Addiere -7 zu b.

c) Ein Viertel von c.

d) Das Fünffache von d vermehrt um 8.

e) Das Produkt zweier aufeinander folgender natürlicher Zahlen.

| $3a$ |
| $b + (-7)$ |
| $c : 4$ |
| $5d + 8$ |
| $e \cdot (e + 1)$ |

3 Berechne die Werte.

	$2n - 1$	$-\frac{3}{2}n + 5$	$n^2 - 4n + 1$	$\frac{1}{2}n$
Wert des Terms für $n = 2$	3	2	-3	0,25
Wert des Terms für $n = -5$	-11	$12\frac{1}{2}$	46	$-0,1$
Wert des Terms für $n = 0,02$	$-0,96$	4,97	0,94	25
Wert des Terms für $n = \frac{1}{3}$	$-\frac{1}{3}$	$4\frac{1}{2}$	$-\frac{2}{9}$	$1\frac{1}{2}$

---

4 Die Figuren wurden aus gleich langen Stäben gelegt und verkleinert.

① ② ③ ④

a) Markiere gleich lange Stäbe mit der gleichen Farbe.

b) Die Gesamtlänge der Stäbe einer Figur ist gesucht.
   Schreibe hinter jeden Term die Nummer der passenden Figur.

Terme mit Variablen

$6b + 4d$ ②	$b + b + b + b + b + d + d + d$ ②
$2a + 9b + 6d$ ④	$a + b + b + c + 4d + 3d$ ③
	$a + b + a + c + b + c + b + b + d + d + d$ ①
	$2a + 4b + 2c + 3d$ ①
	$1a + 3b + 1c + 7d$ ③

Terme ohne Variablen

$2 \cdot 30\,cm + 9 \cdot 15\,cm + 6 \cdot 5\,cm$ ④	$1 \cdot 30\,cm + 3 \cdot 15\,cm + 1 \cdot 17,5\,cm + 7 \cdot 5\,cm$ ③
$15\,cm + 15\,cm + 15\,cm + 15\,cm + 15\,cm + 15\,cm + 5\,cm + 5\,cm + 5\,cm$ ②	$6 \cdot 15\,cm + 4 \cdot 5\,cm$ ②
$2 \cdot 30\,cm + 4 \cdot 15\,cm + 2 \cdot 17,5\,cm + 3 \cdot 5\,cm$ ①	$225\,cm$ ④
$170\,cm$ ①	$110\,cm$ ②
	$127,5\,cm$ ③

Anwenden und Vernetzen

5 Streichholzmuster

Stufe 1
Stufe 2
Stufe 3

a) Wie viele Streichhölzer benötigt man für die Stufe 5?
   52 Streichhölzer werden benötigt.

b) Bis zu welcher Stufe kann das Muster aus 100 Streichhölzern
   gelegt werden?
   Für Stufe 9 reichen genau 100 Streichhölzer.

c) Einer der Terme ist zur Berechnung der Gesamtzahl
   der benötigten Hölzer von Stufe 1 bis n geeignet.
   Kreuze diesen an.

   ☐ $(3 \cdot n)^2$ ☐ n^2 ☒ $12n - 8$ ☐ $3 + n^2$

6 An zwei Seiten eines Quadrates werden jeweils gleich große kleine
Quadrate gelegt, sodass ein größeres Quadrat entsteht.

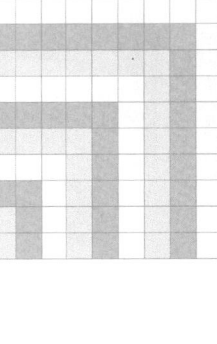

a) Gib einen Term zur Berechnung der Gesamtzahl der für das
   n-te Quadrat benötigten kleinen Quadrate an.

   $n \cdot n$ bzw. n^2

b) Wie viele kleine Quadrate sind an ein Quadrat anzulegen, um
   das nächstgrößere Quadrat zu erhalten.

   $n + n - 1$ bzw. $2n - 1$

Terme vereinfachen

▶ **Grundwissen**

- Alle Termvereinfachungen dürfen am Wert des Terms nichts ändern.

- In Summen und Differenzen kann man Vielfache gleicher Variablen zusammenfassen. Dabei werden die Koeffizienten addiert bzw. subtrahiert.

- In Produkten aus Zahlen und Variablen kann man die Koeffizienten und die Variablen getrennt miteinander multiplizieren.

Beispiele:

$3a + a \neq 5a$, da z.B. $3 \cdot 2 + 2 \neq 5 \cdot 2$

$7d + 5d - 4d + 2h = \underline{8d + 2h}$

$2d \cdot 4h \cdot 3 = \underline{24dh}$

▶ Auftrag: Vervollständige die Regel und die Beispiele.

Trainieren

1 Die Figuren wurden mithilfe einer Schablone in einem Zug im Uhrzeigersinn gezeichnet. Beschreibe jeweils zuerst mithilfe eines Terms die zurückgelegte Strecke und vereinfache diesen.

a)

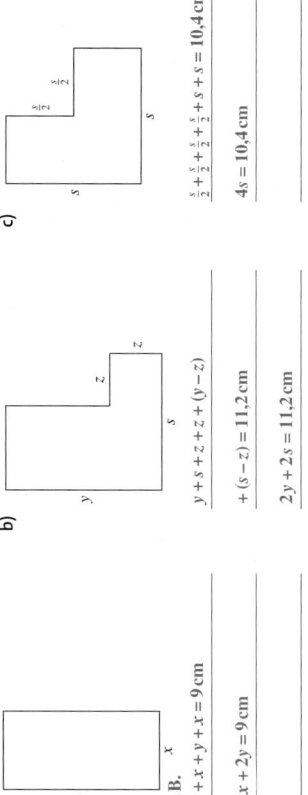

$c + a + b + b + a$
$= a + a + b + b + c$
$= \underline{2a + 2b + c}$

b)

$s + d + d + s + d + d$
$= d + d + d + d + s + s$
$= \underline{4d + 2s}$

c)

$b + a + b + b + c + c$
$= a + b + b + b + c + c$
$= \underline{a + 2b + 2c}$

2 Fasse zusammen, wenn möglich.

a) $18a + 5a - 2a + a - 7a = \underline{15a}$

b) $17x - 3x + 18 - x + 5 = \underline{13x + 23}$

c) $11b - 8b - 3 + b - 1 = \underline{4b - 4}$

d) $27m - 2m + 13 - 4m + 15 = \underline{21m + 28}$

e) $x + a + b + 3x = \underline{a + b + 4x}$

f) $12 - 2b + 96 - 8b = \underline{-10b + 108}$

g) $1{,}43x + 2{,}48x = \underline{3{,}91x}$

h) $0{,}5s \cdot 7t + 2s = \underline{3{,}5st + 2s}$

i) $a + 5 + y - 15 = \underline{a + y - 10}$

j) $3o + 4p + 14o - 16 = \underline{17o + 4p - 16}$

k) $a + a + b + c + b = \underline{2a + 2b + c}$

l) $d + d + a - 2d + 3a - 4a = \underline{0}$

m) $7 + 4x - 11 + 5y = \underline{-4 + 4x + 5y}$

n) $-1x + 5y - 4x - 11y - 1y = \underline{-5x - 7y}$

o) $6{,}2x + 8{,}1y + 1{,}3x = \underline{7{,}5x + 8{,}1y}$

p) $ab + 4g - 4ab - 5{,}5g + 1 = \underline{-3ab - 1{,}5g + 1}$

q) $xy - 4x - 5{,}5xy - 11{,}5xy = \underline{-16xy - 4x}$

r) $12g + 3{,}5k + 1{,}5b - 1{,}2 = \underline{12g + 3{,}5k + 1{,}5b - 1{,}2}$

s) $2a \cdot 7b = \underline{14ab}$

t) $\frac{1}{3}x + \frac{1}{3}y + \frac{1}{3}z = \underline{\frac{1}{3}(x + y + z)}$

---

3 Gib jeweils zwei Terme zur Berechnung des Umfangs der Figuren an und berechne ihn zur Kontrolle mit beiden Terme. Hinweis: Miss benötigte Strecken.

a)

z.B.
$y + x + y + x = 9\,\text{cm}$

$\underline{2x + 2y = 9\,\text{cm}}$

b)

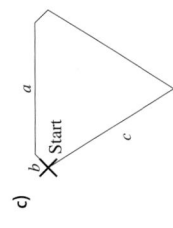

$y + s + z + z + (y - z)$
$+ (s - z) = 11{,}2\,\text{cm}$

$\underline{2y + 2s = 11{,}2\,\text{cm}}$

c)

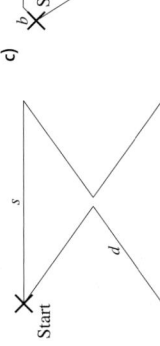

$\frac{s}{2} + \frac{s}{2} + s + \frac{s}{2} + s = 10{,}4\,\text{cm}$

$\underline{4s = 10{,}4\,\text{cm}}$

4 Markiere gleichwertige Terme mit derselben Farbe.

$2x + y$ **A**	$2x + 3y$ **B**	$3y + 2x$ **B**	$2x + 2y$ **C**
$z + 2y - z + 2x + y$ **B**	$y + x + x + 2y$ **B**	$x + 2x + 2y$ **D**	$2 \cdot x + 3 \cdot y$ **E**
$x + 2y + x$ **C**	$y + 2x + 2y$ **E**		

Anwenden und Vernetzen

5 Die Klassenfahrt der 7c wird geplant. Eine Busfahrt zum Ziel kostet pro Person 8,10 €. Für die Unterkunft werden 800,00 € Grundgebühr für die Organisation bzw. Reinigung und 60,00 € pro Schüler für 5 Übernachtungen inkl. Halbpension berechnet.

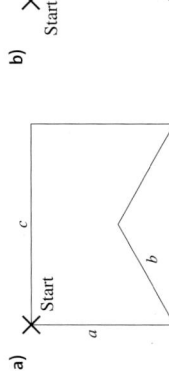

a) Stelle einen Term auf, mit dem man die Kosten der Klassenfahrt berechnen kann. Gib die Bedeutung der Variablen an.

$8{,}10\,€ \cdot 2 \cdot x + 800{,}00\,€ + 60\,€ \cdot x$

x steht für die Anzahl der Schüler und

y für die Kilometer.

b) Berechne die Kosten bei 24 Schülern und Hin- und Rückfahrt mit Bus.

$(8{,}10\,€ \cdot 24) \cdot 2 + 800{,}00\,€ + 60{,}00\,€ \cdot 24$

$= 2628{,}80\,€$

c) Für die Klassenfahrt soll jeder 110,00 € auf das Klassenkonto überweisen. Ist dies sinnvoll?

individuelle Lösung (Mit 110,00 € pro Schüler wären die Kosten für Fahrt, Unterkunft und Essen gedeckt –

aber vermutlich kaum für teure zusätzliche Aktivitäten.)

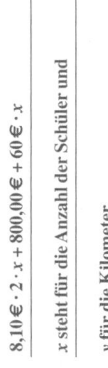

Gleichungen durch Probieren lösen

▲ Grundwissen

Setzt man in eine Gleichung für die Variable eine Zahl ein, so entsteht eine wahre oder eine falsche Aussage.
Jede Zahl, die zu einer wahren Aussage führt, nennt man Lösung der Gleichung.
Eine Gleichung hat eine, keine oder mehrere Lösungen.

Beispiele: $2 \cdot x + 1 = 7$ Lösung: 3
$y \cdot y + 1 = 5$ Lösungen: 2; −2

▶ Auftrag: Ergänze die Lösungen. Es sind ganze Zahlen zwischen −4 und 4.

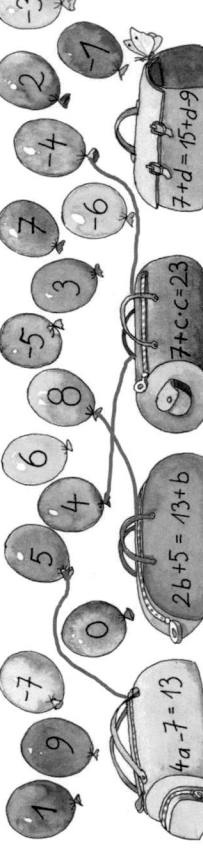

Trainieren

1 Setze in die Gleichungen für die Variablen die gegebenen Zahlen ein. Gib jeweils an, ob eine wahre bzw. falsche Aussage entsteht.

$10 \cdot x - 7 = 43$

x = 11	$10 \cdot 11 - 7 = 43$	$103 = 43$	falsche Aussage
x = 7	$10 \cdot 7 - 7 = 43$	$63 = 43$	falsche Aussage
x = 5	$10 \cdot 5 - 7 = 43$	$43 = 43$	wahre Aussage
x = 1	$10 \cdot 1 - 7 = 43$	$3 = 43$	falsche Aussage

Lösung: 5

$x + 30 = 50 - 9$

$11 + 30 = 50 - 9$	$41 = 41$	wahre Aussage
$7 + 30 = 50 - 9$	$37 = 41$	falsche Aussage
$5 + 30 = 50 - 9$	$35 = 41$	falsche Aussage
$1 + 30 = 50 - 9$	$31 = 41$	falsche Aussage

Lösung: 11

$\frac{1}{2}x + x = 2x - 0,5$

$\frac{1}{2} \cdot 11 + 11 = 2 \cdot 11 - 0,5$	$11,5 = 21,5$	falsche Aussage
$\frac{1}{2} \cdot 7 + 7 = 2 \cdot 7 - 0,5$	$7,5 = 13,5$	falsche Aussage
$\frac{1}{2} \cdot 5 + 5 = 2 \cdot 5 - 0,5$	$5\frac{1}{2} = 9,5$	falsche Aussage
$\frac{1}{2} \cdot 1 + 1 = 2 \cdot 1 - 0,5$	$1,5 = 1,5$	wahre Aussage

Lösung: 1

2 Löse die Gleichungen durch systematisches Probieren bzw. Überlegen.

a) $y - 7 = 35$ $y = 42$
b) $100 + x = 220$ $x = 120$
c) $14 \cdot a = 28$ $a = 2$
d) $k : 25 = 3$ $k = 75$
e) $f - 4 = 8$ $f = 12$
f) $g + 2 = 2$ $g = 0$
g) $b \cdot 0,5 = 2$ $b = 4$
h) $3 : d = 5$ $d = 0,6$
i) $2a - 0,5 = 2,1$ $a = 1,3$

3 Sind die angegebenen Lösungen richtig? Kreuze an.

a) $7a - 2 = 6a + 3$ Lösung: 5   ☒ richtig ☐ falsch
b) $0,5b + 7b = 8,5 - 1b$ Lösung: 2   ☐ richtig ☒ falsch
c) $4,5 : 0,5c = 9$ Lösung: 1   ☒ richtig ☐ falsch

4 Gib eine Gleichung an, die unendlich viele Lösungen hat.
z.B. $x + 7 = 3 + x + 4$ $(x + 7 = x + 7)$

5 Binde jeweils die Luftballons mit Lösungen an die richtige Tasche.

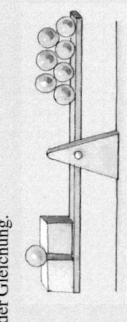

$7 + d = 15 + d - 9$
$7 + c \cdot c = 23$
$2b + 5 = 13 + b$
$4a - 7 = 13$

6 Ergänze jeweils zuerst die Tabellen. Gib danach die Lösung der Gleichung an.

a)

a	2	4	6	8
$a + 12$	14	16	18	20
$4a$	8	16	24	32

Die Lösung der Gleichung $a + 12 = 4a$ ist 4.

b)

b	2	4	6	8
$10b : 5$	4	8	12	16
$3b - 6$	0	6	12	18

Die Lösung der Gleichung $10b : 5 = 3b - 6$ ist 6.

c)

c	1	3	5	7
$2c$	2	6	10	14
$5c - 15$	−10	0	10	20

Die Lösung der Gleichung $2c = 5c - 15$ ist 5.

d)

d	0,1	0,2	0,5	0,9
$2d - 1,2$	−1	−0,8	−0,2	0,6
$1,3 - 3d$	1	0,7	−0,2	−1,4

Die Lösung der Gleichung $2d - 1,2 = 1,3 - 3d$ ist 0,5.

Anwenden und Vernetzen

7 Zum Einzäunen der abgebildeten Pferdekoppel stehen 80 m Zaun zur Verfügung.

a) Ermittle x.
$10\,m + 18\,m + 5\,m + x + 3\,m + x = 80\,m$
$36\,m + 2x = 80\,m$ $x = 22\,m$

b) Kann mit dem Zaun eine 410 m² große quadratische Koppel abgesteckt werden?
$80\,m : 4 = 20\,m$ $20\,m \cdot 20\,m = 400\,m^2$
Nein, der Zaun reicht nur für eine 400 m² große quadratische Pferdekoppel.

8 Formuliere zu den gegebenen Zusammenhängen Gleichungen und gib deren Lösungen an.
a) „Ich denke mir eine Zahl. Addiere ich zu ihr 17, erhalte ich 29."
Gleichung: $x + 17 = 29$ Lösung: 12
b) „Subtrahiere ich von einer gedachten Zahl 5, bleiben 36 übrig."
Gleichung: $x - 5 = 36$ Lösung: 41
c) „Addiere ich zur Hälfte einer Zahl ihr Doppeltes, ist das Ergebnis 25."
Gleichung: $\frac{x}{2} + 2x = 25$ Lösung: 10

Gleichungen durch Umformen lösen

▶ Grundwissen

Gleichungen kann man mithilfe folgender Äquivalenzumformungen lösen.
- Ordnen und Zusammenfassen auf einer Seite vom Gleichheitszeichen
- Addieren oder Subtrahieren desselben Terms auf beiden Seiten
- Multiplizieren oder Dividieren mit demselben Term (außer 0) auf beiden Seiten
- Tauschen der Rechenoperationen auf beiden Seiten
- Tauschen beider Seiten

▶ **Auftrag:** Kreuze an.

	wahr	falsch
	⊠ wahr	☐ falsch
	⊠ wahr	☐ falsch
	⊠ wahr	☐ falsch
	☐ wahr	⊠ falsch
	⊠ wahr	☐ falsch

Trainieren

1 Wie viele ◯ entsprechen x? Veranschauliche die Lösungsschritte und notiere passende Gleichungen.

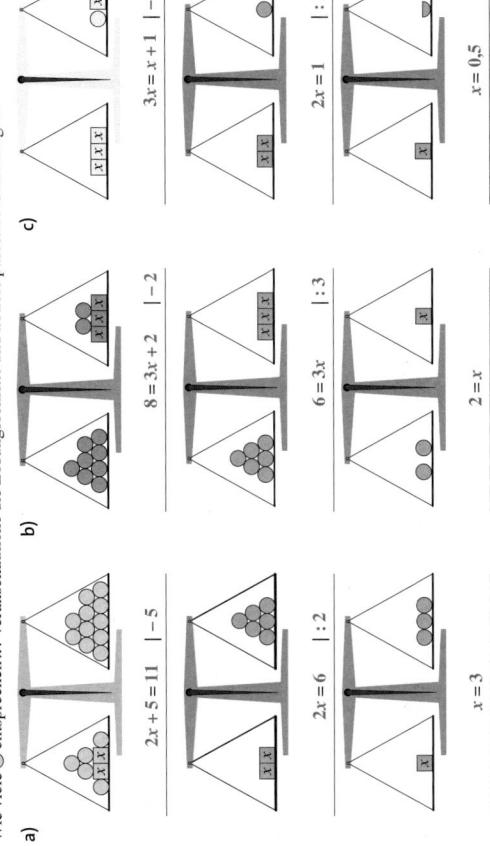

a)
$$2x + 5 = 11 \quad | -5$$
$$2x = 6 \quad | :2$$
$$x = 3$$

b)
$$8 = 3x + 2 \quad | -2$$
$$6 = 3x \quad | :3$$
$$2 = x$$

c)
$$3x = x + 1 \quad | -x$$
$$2x = 1 \quad | :2$$
$$x = 0{,}5$$

2 Gib jeweils die ausgeführten Äquivalenzumformungen an.

a)
$$5x + 9 = 37 + x \quad | -x$$
$$4x + 9 = 37 \quad | -9$$
$$4x = 28 \quad | :4$$
$$x = 7$$

b)
$$6x - 3 = 10 + x - 3 \quad | -x$$
$$5x - 3 = 7 \quad | +3$$
$$5x = 10 \quad | :5$$
$$x = 2$$

c)
$$9 - 5x + 6 = -10x + 10 \quad | +10x$$
$$15 + 5x = 10 \quad | -15$$
$$5x = -5 \quad | :5$$
$$x = -1$$

3 Ermittle die Lösungen.

a)
$$7x - 5 = 16 \quad | +5$$
$$7x = 21 \quad | :7$$
$$x = 3 \qquad \text{Lösung: } 2$$

b)
$$7x + 10 - 3x = 28 \quad | -10$$
$$4x = 18 \quad | :4$$
$$x = 4{,}5 \qquad \text{Lösung: } 4{,}5$$

c)
$$13 = 5x - 3 + 3x \quad | +3$$
$$16 = 8x \quad | :8$$
$$2 = x \qquad \text{Lösung: } 2$$

4 Löse die Gleichungen.

a)
$$8a + 5 = 29 - 4a \quad | +4a$$
$$12a + 5 = 29 \quad | -5$$
$$12a = 24 \quad | :12$$
$$a = 2 \qquad \text{Lösung: } 2$$

b)
$$7b + 4 + 2b = 4b + 9 \quad | -4$$
$$9b = 4b + 5 \quad | -4b$$
$$5b = 5 \quad | :5$$
$$b = 1 \qquad \text{Lösung: } 1$$

c)
$$3 + c = -3 - 2c \quad | +2c$$
$$3 + 3c = -3 \quad | -3$$
$$3c = -6 \quad | :3$$
$$c = -2 \qquad \text{Lösung: } -2$$

5 Die folgenden Gleichungen wurden nicht richtig gelöst. Unterstreiche die Fehler. Löse danach die Gleichungen.
Zusatzaufgabe: Führe jeweils die Probe durch.

a)
$$3x = -4x - 21 \quad | -4x$$
$$-x = -21 \quad | \cdot(-1)$$
$$x = 21$$

$$3x = -4x - 21 \quad | +4x$$
$$7x = -21 \quad | :7$$
$$x = -3 \qquad \text{Lösung: } -3$$

b)
$$12y + 6 = 27 + 9y \quad | -9y$$
$$3y + 6 = 27 \quad | :3$$
$$y + 6 = 9 \quad | -6$$
$$y = 3$$

$$12y + 6 = 27 + 9y \quad | -9y$$
$$3y + 6 = 27 \quad | -6$$
$$3y = 21 \quad | :3$$
$$y = 7 \qquad \text{Lösung: } 7$$

c)
$$15a - 24 = a - 4 \quad | +4$$
$$15a - 28 = a \quad | -15a$$
$$-28 = -14a$$
$$2 = a$$

$$15a - 24 = a - 4 \quad | +24$$
$$15a = a + 20 \quad | -a$$
$$14a = 20 \quad | :14$$
$$a = \frac{20}{14} = \frac{10}{7} \qquad \text{Lösung: } \frac{10}{7}$$

Anwenden und Vernetzen

6 Auf einem Bauernhof leben dreimal so viele Hühner wie Schweine. Außerdem gibt es noch sechs Ziegen. Anton hat aus Spaß die Beine aller Tiere gezählt, es sind 114.

a) Gib entsprechende Terme an.

$4x$ — steht für die Anzahl der Beine der Schweine.

$4 \cdot 6 = 24$ — steht für die Anzahl der Beine der Ziegen.

$3 \cdot 2x = 6x$ — steht für die Anzahl der Beine der Hühner.

b) Ermittle, wie viele Hühner und Schweine es auf dem Bauernhof gibt. Hinweis: Überprüfe dein Ergebnis am Text.
z. B.
$$4x + (3 \cdot 2 \cdot x) + (4 \cdot 6) = 114 \quad | -24$$
$$10x + 24 = 114 \quad | -24$$
$$10x = 90 \quad | :10$$
$$x = 9$$

Es gibt 9 Schweine, 6 Ziegen und 27 Hühner auf dem Bauernhof.

Sachaufgaben systematisch lösen

▶ Grundwissen

Sachaufgaben kann man in sechs Schritten lösen.

① Variable festlegen.
② Term(e) bilden.
③ Gleichung aufstellen.
④ Gleichung lösen.
⑤ Lösung prüfen.
⑥ Antwort formulieren.

Beispiel: Zwei Winkel in einem Dreieck sind 57° und 48° groß. Berechne die Größe des dritten Winkels.

a (steht für den dritten Winkel)

$a + 57° + 48° = a + 105°$

$a + 105° = 180°$

$a + 105° = 180°$ $| -105°$

$a = 75°$

$75° + 57° + 48° = 180°$

__Der dritte Winkel ist 75° groß.__

▶ **Auftrag:** Vervollständige das Beispiel.

Trainieren

1 Lege jeweils die Variable fest. Bilde Terme und stelle die Gleichung auf.
Zusatzaufgabe: Ermittle die Lösungen.

a) Wenn Moritz noch 6 € bekommt, hat er 100 €.

x steht für den Geldbetrag, den Moritz momentan hat.

Gleichung: $x + 6 € = 100 €$ $(x = 94)$

b) 125 Sticker wurden auf 20 Kinder verteilt. Jedes bekam gleich viele. Fünf blieben übrig. Wie viele bekam jedes Kind?

x steht für die Anzahl der Sticker, die jedes Kind bekam.

Gleichung: $20x + 5 = 125$ $(x = 6)$

c) Beim Ausflug muss jeder Schüler 2,90 € für die Fahrkarte, 5,60 € für den Eintritt und 3,20 € für die Verpflegung zahlen. 304,20 € wurden bereits eingesammelt. Wie viele Schüler haben bereits bezahlt?

x steht für die Anzahl der Schüler, die bereits bezahlt haben.

Gleichung: $(2,90 € + 5,60 € + 3,20 €) \cdot x = 304,20 €$ $(x = 26)$

2 Noah bekommt ab 1. Januar für den Monat 10 € Taschengeld. Er spart je ein Viertel davon. Wann hat er 20 € zusammen?
Hinweis: Überlege, wie viel er jeweils am letzten und am ersten Tag eines Monats hat.

a) Lege die Variable fest. Bilde Terme und stelle die Gleichung auf.

x steht für die Anzahl der Monate, in denen ein Viertel gespart wird.

Gleichung: $(10 € : 4) \cdot x + 10 € = 20 €$

b) Beurteile die Antworten. Kreuze an.

Im April hat er 20 € zusammen.	☒ passende Antwort	☐ richtig	☒ falsch
Ende Februar hat er 5 € gespart.	☐ passende Antwort	☒ richtig	☐ falsch
Am 1. Mai hat er 20 € zusammen.	☒ passende Antwort	☒ richtig	☐ falsch

3 Wie alt sind die Mädchen?

> „Jule und ich sind Zwillinge."
> „Ich bin Jule und 3 Jahre älter als Janne."
> „In 9 Jahren bin ich doppelt so alt wie Janne jetzt."
> „Zusammen sind wir 57, und ich bin die Jüngste."

① Variable festlegen. x steht für das Alter von Janne.

② Terme bilden.
   $2x - 9$ steht für das Alter des linken Mädchens.
   $x + 3$ steht für das Alter der Zwillinge.

③ Gleichung aufstellen. $57 = x + (2x - 9) + (x + 3) + (x + 3)$

④ Gleichung lösen. $57 = 5x - 3$ $| +3$
     $60 = 5x$ $| : 5$
     $12 = x$

⑤ Lösung prüfen. $57 = 12 + 2 \cdot 12 - 9 + (12 + 3) + (12 + 3)$ Die Aussage ist wahr.

⑥ Antwort formulieren.   Janne ist 12 und die anderen Schülerinnen sind jeweils 15 Jahre alt.

Anwenden und Vernetzen

4 Berechne das Alter von Henri und Jakob.

Henri sagt: „Mein Bruder ist doppelt so alt wie ich. Mein Opa ist viermal so alt wie mein Bruder. Werden alle unsere Alter addiert und verdoppelt, so ergibt das 220 Jahre."

Jacob sagt: „Meine Mama war 22, als ich geboren wurde. Mein Vater ist 5 Jahre älter als sie und heute halb so alt wie mein Opa. Mein Opa ist 80 Jahre alt."

h	steht für das Alter von Henri.	j	steht für das Alter von Jacob.
$2h$	steht für das Alter von Henris Bruder.	$j + 22 + 5$	steht für das Alter vom Vater.
$4 \cdot 2h = 8h$	steht für das Alter vom Opa.		
$220 = 2 \cdot (h + 2h + 8h)$ $\|:22$		$80 = 2 \cdot (j + 22 + 5)$	
$220 = 22h$		$80 = 2j + 54$ $\|-54$	
$10 = h$		$26 = 2j$ $\|:2$	
		$13 = j$	
$220 = 2 \cdot (10 + 2 \cdot 10 + 8 \cdot 10)$ Die Aussage ist wahr.		$80 = 2 \cdot (13 + 22 + 5)$ Die Aussage ist wahr.	

Henri ist 10 Jahre alt.   Jacob ist 13 Jahre alt.

5 Ein rechteckiges Blatt hat einen Umfang von 48 cm. Die eine Seite ist 2 cm länger als die andere. Berechne die Seitenlängen und den Flächeninhalt des Blattes.

a	steht für die Länge des Rechtecks.	
$a + 2$ cm	steht für die Breite des Rechtecks.	
$2 \cdot a + 2 \cdot (a + 2$ cm$)$	steht für den Umfang des Rechtecks.	48 cm $= 2 \cdot a + 2 \cdot (a + 2$ cm$)$
		48 cm $= 4 \cdot a + 4$ cm $\|-4$ cm
		44 cm $= 4 \cdot a$ $\|:4$
		11 cm $= a$
11 cm $+ 2$ cm $= 13$ cm	11 cm $\cdot 13$ cm $= 143$ cm^2	

Die Seiten des Rechtecks sind 11 cm und 13 cm lang. Der Flächeninhalt beträgt 143 cm².

Kapitel Brüche multiplizieren und dividieren

1 Multipliziere. Gib das Ergebnis gekürzt und, wenn möglich, als gemischte Zahl an.

a) $7 \cdot \frac{8}{57} = \frac{56}{57}$

b) $\frac{2}{3} \cdot 8 = \frac{16}{3} = 5\frac{1}{3}$

c) $\frac{6}{7} \cdot \frac{1}{5} = \frac{6}{35}$

d) $\frac{3}{8} \cdot \frac{5}{12} = \frac{5}{32}$

e) $1\frac{1}{5} \cdot \frac{2}{5} = \frac{12}{25}$

f) $\frac{2}{3} \cdot 2\frac{3}{4} = \frac{11}{6} = 1\frac{5}{6}$

2 Dividiere. Gib das Ergebnis gekürzt und, wenn möglich, als gemischte Zahl an.

a) $\frac{3}{18} : 5 = \frac{1}{30}$

b) $9 \cdot \frac{9}{8} = 8$

c) $\frac{7}{11} \cdot \frac{4}{5} = \frac{35}{44}$

d) $\frac{3}{14} \cdot \frac{3}{7} = \frac{1}{2}$

e) $2\frac{2}{7} : 7 = \frac{16}{49}$

f) $7 : 1\frac{2}{3} = \frac{21}{5} = 4\frac{1}{5}$

3 Bilde mit je drei der Zahlen auf den Karten eine passende Aufgabe.
Hinweis: Es gibt jeweils mehrere Möglichkeiten.

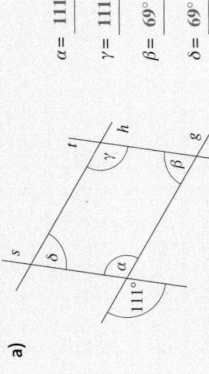

(Ein Faktor muss „0" sein.)

a) Schreibe eine Aufgabe mit Multiplikation und dem Ergebnis „0" auf.

z. B.
$0 \cdot \frac{7}{20} \cdot 2 = 0$ oder $0 \cdot 1 \cdot 2 = 0$

b) Schreibe eine Aufgabe mit Multiplikation und dem Ergebnis „1" auf.

z. B.
$\frac{1}{2} \cdot \frac{1}{2} \cdot 2 = 1$ oder $\left(0 \cdot \frac{7}{20}\right) + 1 = 1$

c) Schreibe eine Aufgabe mit Division und dem Ergebnis „1" auf.

z. B.
$1 : \left(\frac{1}{2} \cdot 2\right) = 1$ oder $\left(1\frac{1}{2} + \frac{1}{2}\right) : 2 = 1$

d) Schreibe eine Aufgabe mit Division und dem Ergebnis „2$\frac{6}{7}$" auf.

z. B.
$\left(\frac{1}{2} \cdot 2\right) : \frac{7}{20} = \frac{20}{7} = 2\frac{6}{7}$ oder $(0 + 1) : \frac{7}{20} = \frac{20}{7} = 2\frac{6}{7}$

4 Löse die Aufgaben.

a) Wie viel sind $\frac{3}{5}$ von $2\frac{1}{2}$ l Saft?

$\frac{3}{5} \cdot \frac{5}{2} l = \frac{3 \cdot 5}{5 \cdot 2} l = \frac{15}{10} l = 1\frac{1}{2} l$

$\frac{3}{5}$ von $2\frac{1}{2}$ l Saft sind $1\frac{1}{2}$ l.

b) Sind drei Viertel von 0,75 l Saft mehr als $\frac{1}{2}$ l Saft oder weniger?

$0,75 l : 4 = \frac{3}{4} l$ $\frac{3}{4} \cdot \frac{3}{4} = \frac{3 \cdot 3}{4 \cdot 4} = \frac{9}{16}$ $\frac{1}{2} l = \frac{8}{16} l < \frac{9}{16} l$

Drei Viertel von 0,75 l Saft sind mehr als $\frac{1}{2}$ l Saft.

c) Kann ein Wirt mit $4\frac{3}{5}$ l Saft 15 Gläser bis zum 0,3-l-Eichstrich füllen?

$4\frac{3}{5} l : 15 = \frac{23}{5} l : 15 = \frac{23 \cdot 1}{5 \cdot 15} = \frac{23}{75} l$ $0,3 \cdot 75 = 22,5 < 23$

Ja, es kommt ein wenig mehr als 0,3 l in jedes Glas.

5 Berechne das Ergebnis möglichst vorteilhaft.

$\frac{1}{4} \cdot \frac{1}{3} + \frac{1}{4} \cdot \frac{2}{3} - \frac{1}{4} \cdot \frac{1}{6} = \frac{1}{4} \cdot \left(\frac{1}{3} + \frac{2}{3} - \frac{1}{6}\right) = \frac{1}{4} \cdot \frac{5}{6} = \frac{5}{24}$

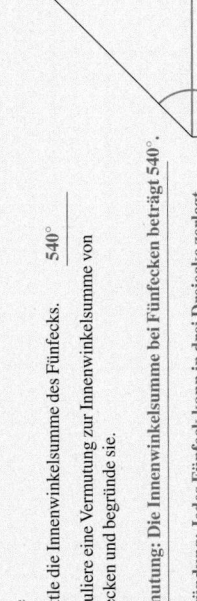

Kapitel Beziehungen zwischen Winkeln

1 Ermittle ohne Geodreieck die Größen der Winkel.

a)

$\alpha = 111°$

$\gamma = 111°$

$\beta = 69°$

$\delta = 69°$

$g \| h$ $s \| t$

b)

$\beta = 52°$

$\gamma_2 = 31°$

$\gamma = 69°$

$\gamma^* = 111°$

$\gamma = 75°$ $\gamma = 60°$

$\gamma = 69°$

$\gamma = 90°$

2 Berechne die fehlenden Winkelgrößen.

a) Dreieck ABC mit … $\alpha = 70°$ $\beta = 35°$

b) gleichseitiges Dreieck ABC mit … $\alpha = 60°$ $\beta = 60°$ $\gamma = 60°$

c) gleichschenkliges Dreieck mit … $\alpha = 42°$ $\beta = 69°$ $\gamma = 69°$
z. B.

d) rechtwinkliges, gleichschenkliges Dreieck mit … $\alpha = 45°$ $\beta = 45°$ $\gamma = 90°$

3 Fünfecke

a) Ermittle die Innenwinkelsumme des Fünfecks. $540°$

b) Formuliere eine Vermutung zur Innenwinkelsumme von
Fünfecken und begründe sie.
z. B.
Vermutung: Die Innenwinkelsumme bei Fünfecken beträgt 540°.

Begründung: Jedes Fünfeck kann in drei Dreiecke zerlegt

werden.

Jeweils die Innenwinkel der drei Dreiecke sind zusammen

genauso groß wie die vom Fünfeck.

$3 \cdot 180° = 540°$

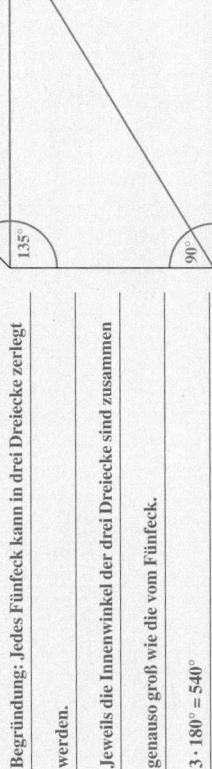

4 Ermittle den Schnittpunkt der
Mittelsenkrechten (P_M) und
den Schnittpunkt der
Winkelhalbierenden (P_W).
Hinweis: Überprüfe dein Ergebnis
mit dem Um- bzw. Inkreis.

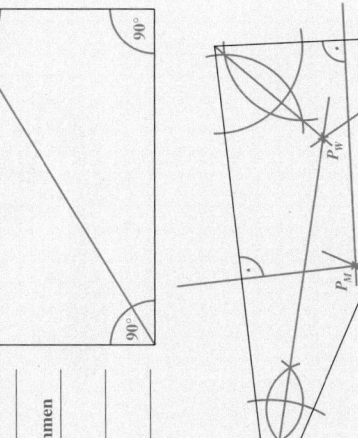

Kapitel Zuordnungen

1 Entscheide zuerst, ob es eine proportionale oder antiproportionale Zuordnung ist.
Löse die Aufgaben danach mithilfe des Dreisatzes.

a) 9 Karten für das Konzert kosten ohne Bearbeitungsgebühr 81,00 €.
Wie viel kosten 11 Karten ohne Bearbeitungsgebühr?

Karten	Preis in €
9	81
1	9
11	99

11 Karten ohne Bearbeitungsgebühr kosten 99 €.

b) 4 Pumpen vom gleichen Typ leeren ein Becken in $13\frac{1}{2}$ h.
Wie viele der Pumpen leeren ein gleich großes Becken in 6 h?

Stunden	Pumpen
13,5	4
1	54
6	9

9 der Pumpen leeren ein gleich großes Becken in 6 h.

2 Kreuze die Zuordnung aus Aufgabe 1 an, bei der im Koordinatensystem alle Punkte auf einem Strahl liegen, der im Ursprung beginnt.

☒ Karten → Preis in €   ☐ Stunden → Pumpen

Bei einer proportionalen Zuordnung liegen alle zugehörigen Punkte auf einem Strahl, der im Ursprung beginnt.

3 Eine Tüte mit 48 Schokoladentäfelchen wird aufgeteilt.

a) Wie viele Schokoladentäfelchen erhält jeder, wenn 2, 3, 4 oder 6 Kinder alles unter sich aufteilen?

Anzahl der Kinder	2	3	4	6
Anzahl der Täfelchen	24	16	12	8

b) Stelle die Zuordnung in einem Diagramm dar.
Ist es sinnvoll, die Punkte miteinander zu verbinden?
z.B.
Es ist nicht sinnvoll, die Punkte miteinander zu verbinden, da die Anzahl der Kinder nur mit natürlichen Zahlen angegeben werden kann.

(Es gibt nicht 2,5 Kinder.)

4 Handelt es sich um eine proportionale, antiproportionale oder keine derartige Zuordnung? Begründe.

Zeit in h	1	3	4	5
Strecke in km	1	2,5	3	3,5

z.B.
Es handelt sich weder um eine proportionale noch um eine antiproportionale Zuordnung. Mithilfe des Drei-satzes kann man nicht auf die gegebenen Werte schlie-ßen. Im Diagramm entsteht kein entsprechender Graph.

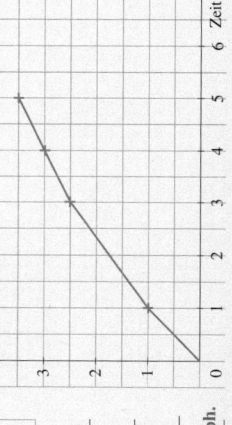

Kapitel Dreiecke konstruieren

1 Zueinander kongruente Dreiecke

a) Färbe zueinander kongruente Dreiecke jeweils mit derselben Farbe ein.

b) Zeichne zwei (nicht mehr) Strecken so ein, dass zehn zueinander kongruente Dreiecke entstehen.

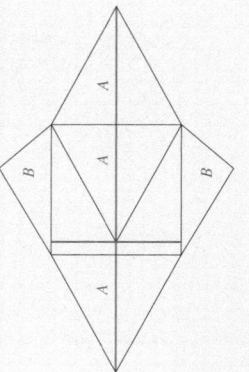

2 Ermittle mithilfe maßstäblicher Zeichnungen die Breite des Flusses und des Sees.
Nenne jeweils den Kongruenzsatz, nach dem die Konstruktion eindeutig ausführbar ist.

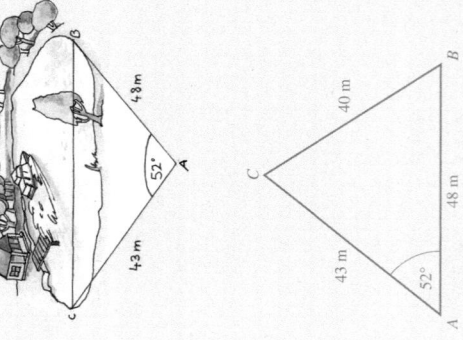

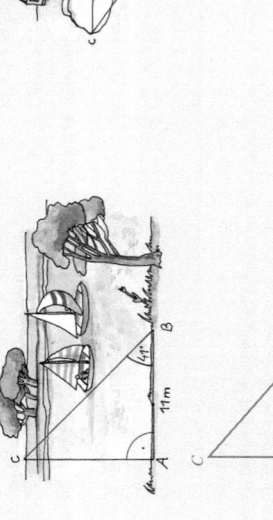

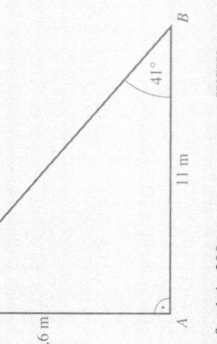

Maßstab 1 : 200 — WSW

Der Fluss ist rund 9,6 m breit.

Maßstab 1 : 100 — SWS

Der See ist rund 40 m breit.

3 Zeichne jeweils das Dreieck ABC und nenne den Kongruenzsatz, nach dem alle Dreiecke mit den gegebenen Maßen zueinander kongruent sind.

a) $a = 6$ cm; $b = 5$ cm; $c = 6,5$ cm   SSS

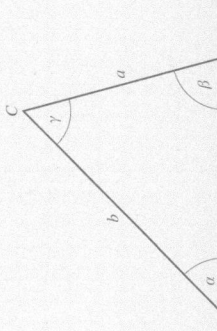

b) $a = 4$ cm; $b = 5,5$ cm; $\beta = 75°$ SsW

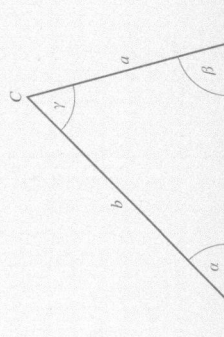

Kapitel Prozentrechnung

1 Gib zuerst passende Umschreibungen in der ersten Spalte an. Ergänze danach die Tabelle zu den orangen Teilen.

	⚙	⚙	⚙⚙⚙
Grundwert (ein Ganzes)	4 Teile	4 Teile	4 Teile
Prozentwert (Größe des Anteils)	4 Teile	3 Teile	9 Teile
Prozentsatz (Anteil am Ganzen)	100 %	75 %	225 %

2 Kreuze jeweils an, was zu berechnen ist, und löse die Aufgabe mithilfe des Dreisatzes.

a) 12,5 kg von 20 kg Kirschen sind bereits verkauft. Wie viel Prozent sind das?
☐ Grundwert ☐ Prozentwert ☒ Prozentsatz
62,5 % der Kirschen sind bereits verkauft.

Kirschen in kg	Anteil
20	100 %
1	5 %
12,5	62,5 %

b) Bei Stammkunden wird der Gesamtpreis um 2,5 % reduziert. Ohne Reduzierung kostet eine Hose 40,00 €. Wie viel zahlt ein Stammkunde dafür weniger?
☐ Grundwert ☒ Prozentwert ☐ Prozentsatz

Anteil	Preis in €
100 %	40,00
1 %	0,40
2,5 %	1,00

Ein Stammkunde zahlt 1,00 € weniger.

c) In den Kästen stehen 6 leere Flaschen. Das sind 15 % aller Flaschen. Wie groß ist die Anzahl der Flaschen insgesamt?
☒ Grundwert ☐ Prozentwert ☐ Prozentsatz

Anteil	Flaschen
15 %	6
1 %	0,4
100 %	40

40 Flaschen sind es insgesamt.

3 Ermittle Prozentwerte und Grundwerte.
a) Schraffiere jeweils 30 % der Flächen.

b) Verlängere jeweils das Rechteck so, dass der Anteil der vorgegebenen Fläche 70 % beträgt.

4 Zum Schlussverkauf reduziert ein Verkäufer Preise. Ergänze die Tabelle. Hinweis: Rechne, wenn nötig, auf einem zusätzlichen Blatt.

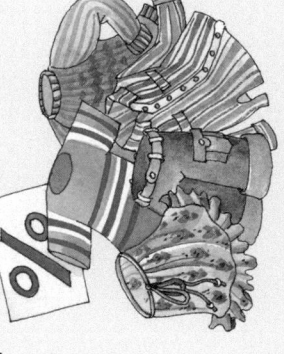

	Preissenkung in Euro	in Prozent	alter Preis	neuer Preis
Hosen	20,67 €	26 %	79,50 €	58,83 €
Röcke	9,10 €	20 %	45,50 €	36,40 €
Pullover	12,21 €	22 %	55,50 €	43,29 €
T-Shirts	3,50 €	14 %	25,00 €	21,50 €

Kapitel Rationale Zahlen

1 Gib die Ergebnisse an.

a) $(+3) + (–7) = –4$
b) $(–8) + (–7) = –15$
c) $(–9) + (+3) = –6$
d) $13 + (–4) = +9 = 9$
e) $(–7) – (+11) = –18$
f) $(+12) – (–4) = +16 = 16$
g) $(–8) – (–8) = 0$
h) $(+2) – (+0,8) = +1,2 = 1,2$
i) $(+2) · (–10) = –20$
j) $(–9) · (–5) = +45 = 45$
k) $(–0,5) · (+80) = –40$
l) $(+4) · (+2,5) = +10 = 10$
m) $(+8) : (–2) = –4$
n) $(–0,9) : (–3) = +0,3 = 0,3$
o) $(–1,8) : (+0,6) = –3$
p) $(+2,4) : (+1,2) = +2 = 2$

2 Ergänze die Tabellen. In der ersten Spalte stehen die Minuenden (bzw. Dividenden) und in der ersten Zeile die Subtrahenden (bzw. Divisoren).

–	19	–45	23	–4,5
7	–12	52	–16	11,5
–11	–30	34	–34	–6,5
–1,5	–20,5	43,5	–24,5	3

:	10	–2	8	$-\frac{2}{7}$
–4	–0,4	2	–0,5	14
–0,7	–0,07	0,35	$-\frac{7}{80}$	2,45
$\frac{7}{2}$	0,35	–1,75	$\frac{7}{16}$	12,25

3 Ergänze die Tabelle.

alter Kontostand	120 €	–25 €	10 €	–20 €
neuer Kontostand	–30 €	100 €	185 €	–195 €
Veränderung	Auszahlung von 150 €	Einzahlung von 125 €	Einzahlung von 175 €	Auszahlung von 175 €

4 Rechne im Kopf vorteilhaft.

a) $–17 + 35 – 23 + 15 = –40 + 50 = 10$
b) $2,7 – 0,5 – 1,3 + 0,5 – 2,7 = 0 + 0 – 1,3 = –1,3$
c) $12 · (–7) + 12 · (–3) = 12 · (–10) = –120$
d) $11 · (–1,3) = 10 · (–1,3) + 1 · (–1,3) = –14,3$
e) $7,5 : (–2 – 0,5) = 7,5 : (–2,5) = –3$
f) $–21,3 + (–0,5) : (–0,25) = –21,3 + 2 = –19,3$

5 Setze jeweils die fehlenden Klammern.

a) $15 + 7 – (33 + 41) = –52$
b) $(–5 – 4) · 3 – (12 – (–7)) = –46$

6 Das Teppichmuster besteht aus 12 kleinen Dreiecken. Jeweils vier davon bilden ein größeres Vierer-Dreieck. Finde jeweils die passenden Dreiecke.

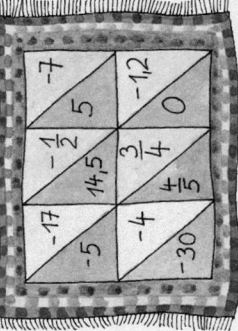

a) Die Summe der Zahlen in einem Vierer-Dreieck ist –2,25.
$$-2,25 = 14,5 + \left(-\tfrac{1}{2}\right) + \tfrac{3}{4} + (–17)$$

b) Das Produkt der Zahlen in einem Vierer-Dreieck ist –21.
$$-21 = –7 · \left(-\tfrac{1}{2}\right) · 5 · (–1,2)$$

c) Das Ergebnis der Zahlen in einem Vierer-Dreieck ist –11.
$$-11 = –5 – \left(-\tfrac{4}{5}\right) : (–4) · (–30)$$

Kapitel Terme und Gleichungen

1 Kreuze jeweils alle Lösungen an.

a) $5x - 7 = 13$
□ 1   □ 2   □ 3   ☒ 4   □ 5

b) $3x - 15 = 2x + 5$
□ 10   ☒ 20   □ 30   □ 40   □ 50

c) $48 = x \cdot x + 47$
□ −2   ☒ −1   □ 0   ☒ 1   □ 2

d) $-12 + x - 3 = x - 15$
☒ 1   ☒ 5   ☒ 7   ☒ 100   ☒ 0,5

2 Stelle passende Gleichungen auf und gib deren Lösungen an.

a) Mia sagt: „Wird 45 zu einer Zahl addiert, so ist das Ergebnis 61."
Gleichung: $x + 45 = 61$ Lösung: 16

b) Ben sagt: „Wird 27 von einer Zahl subtrahiert, so ist das Ergebnis 41."
Gleichung: $x - 27 = 41$ Lösung: 68

c) Maria sagt: „Wird zum Doppelten einer Zahl 38 addiert, so ist das Ergebnis 52."
Gleichung: $2x + 38 = 52$ Lösung: 7

d) Tim sagt: „Wird zuerst eine Zahl mit 21 multipliziert und danach 5 abgezogen, so ist das Ergebnis 100."
Gleichung: $21x - 5 = 100$ Lösung: 5

3 Markiere gegebenenfalls die Fehler und gib Lösung an.

a)
$$9y = 5 - 3y + 7 \qquad | +3y$$
$$12y = 12 \qquad | :12$$
$$y = 1 \qquad \text{Lösung: } 1$$

b)
$$5x + 7 - 3x = 15 \qquad | -7$$
$$2x = 15 \qquad | :2$$
$$x = 7,5 \quad \text{ƒ} \quad \text{Lösung: } 7,5$$

zu b)
$$5x + 7 - 3x = 15 \qquad | -7$$
$$2x = 8 \qquad | :2$$
$$x = 4$$
$$\text{Lösung: } 4$$

4 Amelie durfte 20 € mit zur Klassenfahrt nehmen.
Sie gab am ersten Tag 2 € mehr aus als am zweiten Tag, am dritten Tag nichts und an den letzten beiden Tagen jeweils 3 €.
Als Amelie zurückkam, war noch 1 € übrig.
Wie viel gab sie an den einzelnen Tagen aus?
z.B.

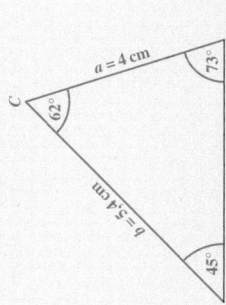

$x + 2€$	steht für die Ausgaben am ersten Tag.
x	steht für die Ausgaben am zweiten Tag.
0	steht für die Ausgaben am dritten Tag.
3€	steht für die Ausgaben am vierten und fünften Tag.

$$20€ - (x + 2€) - x - 6€ = 1€ \qquad | -1€$$
$$12€ - 2x = 1€ \qquad | +2x$$
$$11€ - 2x = 1€ \qquad | :2$$
$$11€ = 2x$$
$$5,50€ = x$$

$5,5€ + 2€ = 7,5€$	
$5,5€$	
$0€$	
$6€$	

Sie gab am ersten Tag 7,50 €, am zweiten 5,50 €, am dritten 0 € und an den letzten beiden Tagen je 3,00 € aus.

Jahrgangsstufentest

1 Trage die fehlenden Zahlen ein.
In der ersten Spalte stehen die Minuenden (bzw. Dividenden) und in der ersten Zeile die Subtrahenden (bzw. Divisoren).

−	1,2	−23	31	−0,5
7	5,8	30	−24	7,5
−0,9	−2,1	22,1	−31,9	−0,4

:	10	−3	5	$\frac{2}{5}$
−1,8	−0,18	0,6	−0,36	−4,5
$\frac{6}{5}$	0,12	−0,4	0,24	3

$$38 = x + 2x + x + 6$$
$$38 = 4x + 6 \qquad | -6$$
$$32 = 4x \qquad | :4$$
$$8 = x$$

2 Drei Geschwister sind zusammen 38 Jahre alt. Anika ist doppelt so alt wie Lea, während Ole 6 Jahre älter als Lea ist. Ermittle mithilfe einer Gleichung, wie alt die Geschwister sind.

Lea (x) ist 8 Jahre alt, Anika $(2x)$ 16 und Ole $(x + 6)$ 14.

3 Trage rechts die Ergebnisse ein.

S   a: 10 % von 123
e   b: So viel Prozent sind 66 von 600.
n   c: 42,96 sind 120 % davon.
k   d: 50 % von 16 095
r   e: Zu 50 000 kommen 12,4 % hinzu.
e   f: 8 520,3 sind 30 % davon.
g   g: Durch 4 geteilt gibt so viel Prozent.
h   h: 20 % von 715
t   i: Ein Ganzes in Prozent.

W   d: Ergibt um 50 % vergrößert 1 222,5.
a   h: Die Summe aller Ziffern der Zahl ist 13.
a   j: So viele Ganze sind 500 %.
g   k: Ein Fünftel sind so viel Prozent.
e   l: 5 um 100 % vergrößert.
r   m: 10,5 sind 30 % davon.
e   n: 25 % davon sind 107.
c   o: 12,5 % von 50 224
c   p: Das Fünffache als Prozentsatz.
h   q: 200 um die Hälfte vergrößert.
t   r: 15 um ein Drittel verkleinert.

Zahlenkreuzworträtsel (Gitter, Näherung):

a·1		j·5	b·1	c·3
k·2 / 0	d·8	8	1	0
,	1	1	0	
m·3 / 5	e·5 / n·4		f·2	8
o·6	g·2	7	8	5
h·1 / 2	5	,	i·1	1
4	0		r·1	1 / 0
q·3 / 0	p·5	0	0	0

4 Konstruktion von Dreiecken

a) Ergänze jeweils zu unterschiedlichen Dreiecken ABC mit $a = 4\,\text{cm}$, $c = 5\,\text{cm}$ und $\alpha = 45°$.

b) Gib zu jedem Kongruenzsatz ein Beispiel für Seitenlängen bzw. Winkelgrößen an, sodass die Konstruktion eindeutig ausführbar ist.

Kongruenzsätze	Beispiele zum oberen Dreieck
SSS	$a = 4\,\text{cm},\ b = 5,4\,\text{cm},\ c = 5\,\text{cm}$
SWS	$a = 4\,\text{cm},\ \gamma = 62°,\ b = 5,4\,\text{cm}$
WSW	$\alpha = 45°,\ c = 5\,\text{cm},\ \beta = 72°$
SsW	$b = 5,4\,\text{cm}\ (!),\ c = 5\,\text{cm},\ \beta = 72°$

5 Herr und Frau Krug wollen ihr Wohnzimmer und den Flur renovieren.
Sie haben dafür neun Rollen Tapete für insgesamt 48,15 € gekauft.
Erfahrungsgemäß fangen sie früh gegen 7:00 Uhr an und sind um ca. 9:00 Uhr abends fertig.

a) Wann sind Wohnzimmer und Flur fertig tapeziert, wenn beide ab 7:00 Uhr von drei Bekannten unterstützt werden, die genauso schnell arbeiten wie sie?

Sie sind gegen 12:30 Uhr fertig.

b) Nach einiger Zeit stellen sie fest, dass zwei Rollen Tapete zu wenig gekauft wurden.
Kann man diese mit einem 10-€-Schein bezahlen?

Nein, es fehlen 0,70 €.

c) Frau Krug hat Glück. Der Laden, in dem sie die Tapete nachkauft, gibt 15 % Rabatt auf alles.
Wie viel hat sie somit für eine Rolle Tapete zu zahlen?

Eine Rolle kostet 4,55 € (statt 5,35 €).

zu a)

Anzahl der Maler	Arbeitszeit in h
2	14
1	28
5	5,6 (5h 36 min)

zu b)

Anzahl der Rollen	Preis in €
9	48,15
1	5,35
2	10,70

zu c)

$100\% - 15\% = 85\%$

$85\% \cdot 5,35\,€ \approx 4,55\,€$

6 Trage die gesuchten Begriffe ein.
Wenn alles richtig ist, ergeben die Buchstaben in den hellblauen Kästchen ein Lösungswort.

1. …, die zu einer proportionalen Zuordnung gehören, liegen auf einem Strahl, der im Ursprung beginnt.
2. Der Schnittpunkt der Winkelhalbierenden eines Dreiecks ist der Mittelpunkt des …
3. Zur … setzt man die ermittelten Lösungen in die Gleichung ein.
4. … lassen die Lösung einer Gleichung unverändert.
5. … von $\frac{3}{4}$ ist $\frac{4}{3}$.
6. …, die für Brüche gelten, gelten auch für rationale Zahlen.
7. Eine Zuordnung kann mit einer … dargestellt werden.
8. In der Prozentrechnung nennt man den Wert, der 100 % entspricht, …
9. In … beträgt die Innenwinkelsumme 180°.
10. Wechsel- und Stufenwinkel an geschnittenen … sind gleich groß.
11. Die Wertepaare einer antiproportionalen Zuordnung sind …

1. P U N K T E
2. I N K R E I S E S
3. P R O B E
4. Ä Q U I V A L E N Z U M F O R M U N G E N
5. K E H R W E R T
6. R E C H E N G E S E T Z E
7. W E R T E T A B E L L E
8. G R U N D W E R T
9. D R E I E C K E N
10. P A R A L L E L E N
11. P R O D U K T G L E I C H